众阅典藏馆

老人言 ②

崔瑞泽 主编

黑龙江美术出版社

想要释放自己，先要原谅他人

在人生旅途中我们都会被别人有心或无心伤害，这些伤害来自亲人、朋友、仇人甚至陌生人。他们的一个眼神，一句恶毒的话语，都能伤害到我们。被别人伤害就好像被刺扎了一下，我们不可避免的会对扎我们的人生气，会恨他们，但是对别人生气，恨别人，却不能缓解我们被伤害的痛苦和郁结的愤懑。迟迟不原谅别人，揪着别人的错不放，表面上是惩罚了伤害你的人，事实上是圈固了你自己和你自己过不去，是对自己的再次伤害。

一对白手起家的夫妻，在经历了创业的艰难后，终于取得了巨大的财富，成为某市首屈一指的企业家。他们有钱了之后，先生面对灯红酒绿的花花世界，渐渐迷失了方向，终于有一次他做出了深深地伤害了自己的妻子的事。当他回家看到妻子原本年轻的容颜因多年的操劳而渐渐衰老，她幼嫩的双手也变得粗糙，他又想到妻子为了操持这个家操碎了心，顿时他就后悔了，内疚之情涌上心头。他跪在妻子面前，请妻子原谅他，再给他一次机会。

妻子看着眼前的丈夫，她又生气又伤心，在一顿歇斯底里的发怒之后，她默默地看着眼前的丈夫，她无法原谅他，于是两个人开始了分居的生活。

丈夫频繁地来找妻子，期望能得到她的原谅，但是他的妻子总是不能介怀。就这样一隔好多年,妻子一直生活在对他先生的气愤之中,她郁郁成疾,终于她沉疴在床不消几年就过世了。

葬礼上,他的先生一夜白头,他抱着亡妻的照片,边哭边说:"你这又是何苦,我知道错了呀,这下我们天人两隔……"

如果我们不原谅别人,那愤懑和仇恨就像杂草一样在你心灵的花园中蔓延,四处丛生,覆盖你心里的绿草和鲜花,让你的心里晒不到一丝阳光得不到丝毫的温暖。于是乎你终日感到苍凉、哀痛、生气。你走不出怨恨的作茧自缚,自己隔绝了心的出路。

而要化解这种作茧自缚的状况很简单,只需要我们去原谅他人。我们如果不原谅别人就好像背负着过去的包袱而不丢下,从而影响了我们再去拥抱未来的幸福。原谅他人释怀自己的"本事"我们需要向小孩多学一下,他们往往比我们做得好。

在孩子之间,原谅是一件多么简单和自然的事,所以小伙伴们之前的友情总是这么牢固。小孩间可能会因为一件玩具,一颗糖果,几句调笑的话而争夺,甚至也会大打出手,但很快他们就会和好,相安无事,好像什么事都没发生一样继续玩耍。偶尔他们也会动真格,会哭诉:"以后我再也不和你们玩了……"但这往往也只是情绪的发泄,过不了多久他们又会完成一片,高高兴兴。

也许有人会说:"来自成人世界里的伤害,怎可与孩童的一件玩具相提并论,怎是说原谅就能原谅的?"

玩具糖果的争夺造成的伤害和成人世界里造成的伤害,对于当事双方来说它们的重要意义是一样的,但是为何小孩能很快原谅别人而我们不能呢?那是因为作为成年人,我们有了更多的情绪。我们不原谅别人而埋在心底的气愤和仇恨往往出自于我们自己的狭隘、自卑、虚荣、放不下的面子以及不客观。

原谅别人,仿佛成了一件难事!

其实,人性本就是如此,"劝人容易劝己难""事不关己,关己则乱。"我们都明白原谅是一种美德,可是面对那些痛切心扉的伤害,却是那么难于释怀,要真正做到,谈何容易啊?原谅别人不容易,别人的一句无心的话语,一件小小的错误,有的人便可牢牢记住,耿耿于怀,心怀不满,不悦,不快。

其实原谅别人也不是难事,只要我们掌握了方法。我们想想我们是否常常自己原谅自己?只要把自己原谅自己的思维过程运用在别人身上,那我们也会有宽广的胸怀,从而去原谅别人。

我们自己犯错时,我们也会气自己,悔恨,自责,但不久便会找出种种的理由,来为自己开脱,在心里为自己辩护,解释"事出有因",很容易地就原谅了自己的过失。

当我们试图去原谅别人的时候,如果能默默为他辩白,为他找些理由，那这就是心怀宽广，这便是践行了原谅的美德。

原谅别人，是一种包容，一份爱心，是一种对他人的慈悲更是对自己的一种解脱！抛开心中怨恨、不满意、不甘心。不要让这些负面的、令人窒息的情绪，痛苦地压迫我们本应像风一样自在的心灵。这些情绪就像满天的乌云层层遮住了灿烂的阳光，蒙蔽你的双眼让你看不到光明，感受不到人间的欢乐。

原谅那些令你生气愤怒的人吧，让曾经的伤害随风而去吧。这样，让所有蒙蔽心灵的乌云和阴霾消散隐退，让如铅沉重的怨恨沉淀入深谷不再拖累你，一切的不甘和愤怒都将烟消云散。

生命，只有匆匆几十年，其实很短暂，生命，有时又很脆弱，许多人，转头便是再也不见，许多事，错过便是永失。过去了的光阴已经交给了死神，未来的岁月不可预知，唯有当下在我们手中！在当下有限的时间里，有太多美好的事物值得我们去追求；有太多的风景等着我们一一去品味，太多的未知的事物等着我们去探索，去欣赏；更有许许多多的美食等着我们去品味……如果你一直揪着别人的错误不原谅，一直让消极情绪充满你的内心，那你就与这一切美好绝缘。原谅别人释放自己，打开心门，你会发现沿途有风光宜人，鸟语花香处处；心自由自是长风万里，你一定会发现另一个迥然不同的天地，你会感受到前所未有的释怀和快乐！

凡事留一线，他日好相见

万事不可做绝，不预留后路，就是把自己逼进了死胡同，没有变通的余地。日后即使想变、想通也无路可走了。而且，世事无常，谁都不能预料前方会发生什么，趁早给自己留条后路，出现变动时不至于束手无策。

《红楼梦》中的平儿，是凤姐儿的心腹和左右手，但在待人处事方面，她并不唯凤姐儿马首是瞻，或者倚仗凤姐，把其他人统统不放进眼里。她始终注意为自己留余地留退路，绝没有犯凤姐儿所说的"心里头只有我，一概没别人"的错误，更不像凤姐儿那样把事做绝。平儿对下人从不依仗权势，趁火打劫，而是经常私下进行安抚，加以保护。一方面缓和化解众人与凤姐的矛盾，另一方面顺势做了好人，使众人在凤姐和她的对比之中，对她更有感激之情，为自己留出了余地和退路。凤姐死后，大观园一片败落，本是凤姐"党羽"的平儿却多次获得众人帮助渡过难关，终得回报。

在待人处世中，万不可把事做绝，要时时处处为自己留下可以周旋的余地，就像行车走马一样，一下子走到山穷水尽的地方，调头就不容易；留有一些余地，调头就容易多了。正如常言所说："过头饭不可吃，过头话不可讲。"

与人相处也是如此，事情做"绝"了时，对方是善良人还好，对方若是恶人，反身一扑，自己就完全无路可走了。

而在猫与老虎的故事中，猫就聪明得多。传说猫曾做过老虎的老师，教它诸般发威、怒吼、卷尾、剪、扑之技，但猫思虑老虎比自己庞大，若日后它欲反扑于我该怎么办，遂保留了一手爬树的技巧，果然老虎不久就翻脸了，怒欲扑食猫老师，猫老师"嗖"地蹿上树顶，老虎抬头张望无计可施。

"凡事留一线，他日好相见"这句老话，也体现出为人处世的中庸之道。做事情不可做得太极端，话不可说得太满。就如，我国古代有个叫李密庵的学者，写过一首《半半歌》，诗云："饮酒半酣正好，花开半时偏妍，帆张半扇免翻颠，马放半鞭稳便。半少却饶滋味，半多反厌纠缠。百年苦乐半相掺，会占便宜只半。"就是凡事要留有余地，不要不给自己和别人退路。凡事留有余地，则自由度就增加。进也可、退也可，亲也可、疏也可，上也可、下也可，处于一种自由的境地，体现了一种立身处世的艺术。

因而，做事之前考虑一下退路，说话之时留点回旋的余地，受益最多的人将是自己。物极必反，极端、绝对的为人处世方法可能会伤人害己。

中国人办事讲中庸之道，不偏不倚，不左不右，折中调和，不走极端。在为人处世时，严格要求自己，办事知道节度，不走极端，可以通行无阻，马到功成。

世事无常，万事多留些余地，多些宽容。这是一条重要的做人准则。在你留有余地的同时，别人也会因此而受益匪浅。

前事不忘，后事之师

自己经过的事，不要轻易将其抛诸脑后，忘记过去意味着背叛，无视以前的经验教训，必将在人生的道路上吃亏。"前事不忘，后事之师"。因为前面的成功与失败，个人也好，国家也好，是如何成功的，又是如何失败的，很明显地告诉了我们很多。

相传，在一片深山密林中，一座"仙人居"位于山巅。一日，一位年轻人风尘仆仆，从很远的地方来求见"仙人居"的圣人，想拜他为师，修得正果。年轻人进了深山，走啊走，走了很久，犯难了，路的前方有三条岔路通向不同的地方，年轻人不知道哪一条路能够通向山顶。

忽然，年轻人看见路旁一个老人在小憩，于是走上前去，轻声唤醒老人，询问通向山顶的路。老人睡眼惺忪地嘟哝了一句"左边"，便又睡过去了。年轻人便从左边那条小路往山顶走去。走了很久，路突然消失在一片树林中，年轻人只好原路返回。回到三岔路口，老人家还在睡觉，年轻人又上前问路，老人家舒舒服服地伸了个懒腰，说了一句："左边。"便又不理他了。年轻人

老人言

正要分辩，转念一想，也许老人家是从下山角度来讲的"左边"。于是，他又拣了右边那条路往山上走去。走啊走，走了很久，眼前的路又消失了，只剩一片树林。年轻人只好原路返回。

回到三岔路口，见老人家又睡过去了，他更是气不打一处来。他上前推了推老人家，把他叫醒，问道："你一大把年纪了，何苦来骗我，左边的路我走了，右边的路我也走了，都不能通向山顶，到底哪条路可以去山顶？"老人家笑眯眯地回答："左边的路不通，右边的路不通，你说哪条路通呢？这么简单的问题还用问吗？"年轻人这才明白过来，应该走中间那条路。但他总想不明白老人家为什么总说"左边"。带着一肚子的疑惑，年轻人来到了"仙人居"。他虔诚地跪下磕头，圣人笑眯眯地看着他，原来圣人就是三岔路口的那位老人家。

这个故事简单却内涵丰富，以前经历的事情要作为现在行事的指南，以过去为镜子，照出成败得失，不能混混沌沌、糊糊涂涂地度过一生。

杜牧的《阿房宫赋》中"秦人不暇自哀，而后人哀之；后人哀之而不鉴之，亦使后人复哀后人也"，这一句便道出了"前事不忘，后事之师"的道理。古人云："以铜为鉴，可以正衣冠；以人为鉴，可以明得失；以史为鉴，可以知兴替。"以史为鉴，可以找到行事的准绳，看到过去的得失，规划未来的方向。

路径窄处，留一步与人行

古人常说："路径窄处，留一步与人行；滋味浓时，减三分让人尝。"就是说在道路狭窄的时候，要退让一步让别人能走；在享受美餐的时候，要分一些给别人吃。这同时也是立身处世取得成功的最好方法。

对于我们做人来说，不要事事处处争强好胜，不要遇事就和人硬碰硬，应该明白"退一步海阔天空"的道理。处处和人硬来，最终可能双方都头破血流。懂得退让并非是示弱，而是智慧的表现。古今中外和许多名人智者都有过类似的经历。

一次，苏格拉底在大街上与人辩论，结果被对方踢了几脚，可苏格拉底显出若无其事的样子。有人对此迷惑不解，苏格拉底解释说："我没有必要去踢一头驴子。"苏格拉底将对方比喻成一头驴子，也就是说，智者是不应该跟一头驴子计较的。驴子是动物，它们没有意识、思想，控制不了自己的言行，所以会做出一些粗鲁的事情来。但是人类是有智慧的，如果与动物较劲，那与动物又有何区别呢？苏格拉底运用这样的思维，避免了一场"战斗"。

试想，如果换作别人，可能丝毫不会后退，没准儿直接冲上去与那个人扭成一团，你打我一拳，我踢你一脚，后果可想而知了。在争执中，人人都不愿承认自己的错误，总是将责任推给对方，对对方大加指责，公说公有理，婆说婆有理，一点小事就由于相互的不依不饶而转变成了大事，那时再要化解就相当难了。

如果遇事不仅不懂得退让，还苦苦相争，那最后受害的肯定是自己。有这样一则寓言：南方的河里有一条豚鱼，游到一座桥下，撞在了桥柱上。它不怪自己不小心，也不想绕过桥柱，反而生气起来，认为是桥柱撞了自己。它气得张开嘴，竖起颚旁的鳍，胀起肚子，漂在水面上，很长时间一动也不动。飞过的老鹰看见它，一把抓起来，把它的肚子撕裂，这条豚鱼就这样成了老鹰的食物。

苏东坡听后就此议论说："世上有的人在不应该发怒的时候发怒，结果遭到了不幸，就像这条豚鱼，'因游而触物，不知罪己'，不去改正自己的错误，却安肆其忿，至于磔腹而死，真是可悲！"

事情发生后总是责备别人，当然会有很多气受了。豚鱼错就错在不会退避。现实生活中，不是有很多这样的"豚鱼"吗？如果不能看清形势，该退的时候就退，而是时时逞强，只会使自己陷入孤独无助的处境；生意场上如果不能量力而行，退让一步，可能会错误的投资，损失惨重，那么，种下的苦果只会由自己来吞食。

因此，不管是做人，还是做事，都必须要懂得退让的要诀，要在退让中体现出自己的魄力和智慧，同时也能保存实力，量力而行，而不是为了表面文章而大伤元气，这才不失为人生当中的妙招。

退一步让三分，不仅给别人留一条活路，也是自己拓宽人际资源的绝妙之策。生活中，今天你让了他一步，明天他会还你两步，这样一来二去就等于交了一个好朋友，朋友多了好办事，人脉是一个人在社会上打开一道通往成功的方便之门。如果你凡事都想利益独享，凡是好处都自己独吞，那么即使你有着惊世的才华也只能是无用的白纸，而且在别人的心目中你也是一个自私自利的人，如果学点分享主义，好处利益分给众人，让每个人的心理得到平衡，这样大家肯定会通力合作，协助你顺利取得成功。

《菜根谭》中有句话说："人情反复，世路崎岖。行不去处，须知退一步之法；行得去处，务加让三分之功。"这句话的意思就是，人间世情反复无常，人生之路崎岖不平。在人生之路走不通的地方，就要知道退让一步的道理；在能走得过去的地方，也一定要给别人三分的便利，这样才能逢凶化吉、一帆风顺。的确，我们要永远记住：路经窄处，留一步与人行。

人无远虑，必有近忧

未来是不可预测的，而人也不是天天走好运的。就是因为这样，我们才要有危机意识，在心理上及实际作为上有所准备，好应付突如其来的变化。

无论目前自己的发展状况有多么稳定，都不能排除来自敌人的威胁。在敌人积聚实力的同时，我们自己不突破、不进步，势必会落在后面。我们所能做的是以发展来超越敌人的发展，以进步来超越敌人的进步，一刻也不能停息。

有一只野猪对着树干磨它的獠牙，一只狐狸见了，问它为什么不躺下休息享乐，而且现在也没看到猎人和猎狗！野猪回答说：等到猎人和猎狗出现时再来磨牙就来不及啦！

就像野猪所说的，时刻也不能放松，如果没有远见，看不到潜在的危险，那么，在你防备最松懈的时候，危险突然而至，你除了惊惶失措、束手就擒之外，还能有什么作为？

人如果时刻都有危机意识，不敢懈怠，那么便能生存；如果没有远虑，今朝有酒今朝醉，自我满足、自我陶醉，那么就有可能自取灭亡！

那么，个人应如何把"危机意识"落实到日常生活中呢？这可分成两方面来谈。

首先，应落实在心理上，也就是心理要随时有接受、迎接突发状况的准备，要有远虑，这是心理预防。心理有准备，到时便不会手足无措。

其次，在生活中、工作上和人际关系方面要有足够的认识和准备：人有旦夕祸福，如果有意外的灾难，我的日子怎么继续？要如何解决困难？世上没有天长地久的事，万一失业了，有何退路？有人取代了我现在的位置，我又该怎么办？

其实你要想的"万一"并不只这几样，所有的事你都要有"万一……怎么办"的"远虑"，并未雨绸缪，早做准备。尤其关乎前程与生存的事情，更应该有危机意识，随时把"万一"摆在心里。

心中常有远虑，就能发愤图强，与命运抗争，保持上进心。如果沉湎于安乐，则会消磨意志，麻木不仁，不思进取，停滞不前，直至陷入"近忧"，一筹莫展。

"吾日三省吾身"是一种难得的清醒；"一日无为，三日不安"是一种昂扬的精神。故步自封，因循守旧，得过且过，那将一事无成；同样，如果小富即安，小胜大醉，小利狂喜，那就必败无疑。我们要长久地立于不败之地，就必须时刻保持着危机意识。

有一句话，叫作"没有危机感就是最大的危机"。成功的花朵再美，也只属于过去的时光，前面有着更重的担子在等着我们，有着更曲折的征程在等着我们。我们务必清醒地对待这一点，一切从零开始，带着危机感站在新的起点上，继续奋勇前进。有了危机意识，我们才不会盲目乐观，陷入真正的"危机"。

名誉是把双刃剑

　　名誉是一座气魄恢宏的大厦，一砖一瓦来自于你的日积月累，来自于你的一言一行，必须足够小心谨慎，才不会让大厦中途倒塌。

　　关于名誉，莎士比亚这样说过："把名誉从我身上拿开，我的生命也就完了。""无瑕的名誉是世间最纯粹的珍宝。失去了名誉，人类不过是一些镀金的粪土、染色的泥块。"

　　名誉的裁定是一把寒光逼人的双刃剑。好的一面可以让美德濡养四方，让丑恶聚焦于众，然而名誉被错位或颠倒了，往往会让好人痛心、坏人得意，君子皱眉、小人欢心。

　　一个人被委屈和冤枉的时候一定是心灵最痛苦的时候，那种感觉就像什么东西被哽在喉咙里，吐又吐不出，咽又咽不下。尤其是对于那些已经取得过名誉的人，他们在大众的眼里的被监视性和被否定性尤为峻厉，所以他们大多处事谨小慎微、多做少说、处处赔笑。但是即便如此，人有时还是有很多被冤枉的尴尬。

　　用生命来保全清白的名誉，毕竟太过极端。但许多人为了名誉痛苦不堪，为了名誉挣扎地如此艰难，这都是事实。于是，有人说："名誉值几个钱？""走自己的路，让别人说去吧！"这种潇洒的人生态度，对于那些被名誉压得喘不过气的人们来说，确是一道良方。然而，放弃名誉这个世界就会美好吗？有责任感的人绝对不会认同。人与人之间的交往，没有彼此的名誉作为保证，还有什么意义？与名誉相联系的是彼此之间的"信任"和"重视"，放弃名誉，失去的东西会更多，整个人类社会大厦将失去基础，所有事情悬在空中，毫无安全感可言。

人过留名，如果你希望自己留下的是洁白芳香的美名，就应该像鸟儿爱惜自己的羽毛一样，爱惜你的名誉。

为了捍卫名誉，我们应该总是用高标准要求自己。心口如一，不说假话；表里如一，远离虚伪，让自己活得更轻松、更从容。为了捍卫名誉，我们应该锻造自己坚持原则和正义的力量，要坚持自己认为是正确的东西，敢于反对那些违背人性准则的东西；为了捍卫名誉，我们应该坚持不懈、一心一意地追求自己的目标，绝不能轻易动摇。每一个人的名誉都来之不易，追求名誉的过程本身就是一个自我实现、自我认证的过程。

"名誉虽然不是德行的真正原则和标准，但是它离德行的真正原则和标准是最近的。"我们不妨将这句话牢记于心，捍卫我们自己的名誉，就从现在开始。

老人言

信誉重于泰山

"狼来了"的故事相信大家都知道：放羊的孩仲由于经常说谎，骗大家说狼来了，大家蜂拥而至去打狼，结果狼没有来，几次三番，让别人对他失去了信任，最后即使狼真的来了，也没人再相信他，结果被狼吃掉了。

人与人之间的交往，信誉是很重要的。如果一个人有信誉，那么别人就愿意跟他交往，在生意上也愿意与之合作，这是双方都有利的效果；如果一个人不讲诚信，那么别人也不愿意和他打交道，长此以往，可能一事无成。

一个南方人在北方做生意，他做人有原则，非常讲信誉。

他的事业现在做得很大，建造了好几个厂区，弟弟也在自己的帮助下，成就了一番事业。在他们家乡那个地方也小有名气，由于他很讲信誉，从不拖欠工人的钱。当地的人也很愿意到他的工厂里做工，由于工资给的高，也及时，老板性格也和气，工人都很爱戴他。

然而，天有不测风云。一年的腊月二十六，这位南方老板为了从北方赶回去给家乡的工人发工资，不顾恶劣的天气，在高速路上出了严重的车祸，一家老小六口人全部遇难。据他的弟弟回忆说，那天天气不好，就劝他说，晚几天再走吧，他却说："我们再怎么也不能拖欠工人的工资，一年到头，就靠着打工赚这么点钱，也不富裕，过年了，肯定也指望这点钱置办年货，过个好年呢。我要是没回去，工资没发，那不是人家年过的也不高兴。"

弟弟听了这话，也没再阻拦，就嘱咐路上小心，结果竟发生如此悲剧。弟弟很是悲痛，在车祸现场几欲昏厥，但是他还是坚持着，把哥哥的遗愿做完，他回了南方的家，给那里的工人一一发完工资，才定下心来办丧事。

那天举行葬礼的仪式现场，前来吊唁的人络绎不绝，灵前跪倒了一片，哭声震天。那是工厂的工人在哀悼自己的老板。

这位南方的老板，人虽然走了，但他的信誉仍然会被大家认可，相信他的事业在弟弟的接手下还会做大，因为只要信誉还在，力量就还在。

在国学经典《论语》中关于信誉有这样讲述：

子贡问孔子治国之道，孔子说："治国要义有三，足食，足兵，民信。"

子贡问："如果不得已，要在这三者中去掉一个，那么先去哪一个呢？"

孔子答曰："去兵。"

问："再去掉一个呢？"

回答说"去食"，最后留下民信。

孔子说了句为政真谛："民无信不立。"

孔子又曰："人而无信，不知其可也。"

中国几千年的信誉文化成为人类生存的法则，祖祖辈辈的遗训，代代传承，推进了人类社会向文明发展。一个国家不讲信誉就不会有所发展，反而会造成社会动荡；一个人要是不讲信誉就不会有所作为，反而会变得孤立无援。

孔子曰："人而无信，不知其可也。"冯玉祥将军也说："对人以诚信，人不欺我；对事以诚信，事无不成。诚信乃为人之本"。高尔基如是说："走正直诚实的生活道路，定会有一个问心无愧的归宿。"而富兰克林则认为："失足，你可能马上又站起来；失信，你将永难挽回。"从上面这些至理名言中可见，信誉是何等的重要，我们在感叹当今社会信任出现危机，人人谨慎自保的同时，是否也应当反省一下自己，是否做到"一言既出，驷马难追"。

一个人可以失去财富、失去职业、失去机会，这些都可以再重来，但万万不可失去信誉，失去了，想要找回来是很难的一件事。做人只有诚实守信，才能赢得别人的信任和尊敬，事业从能做成功，言而无信只能自毁前程。无论在什么时候，遇到怎样的问题，也不能失了信誉。

要时刻牢记"信誉重于泰山"。

交际篇

第一章

言行智慧：一嘴莫生两舌头

——做了再说，说了就做

到什么庙里烧什么香

到什么庙里烧什么香，是一种具体问题具体分析的方法，不同的庙有不同的神，不同的神有不同的爱好，真正懂得"敬神"的人，就会各个准备，投其所好，而不会"一视同神"，对不同的神烧同样的香。这种"一刀切"的方法，是一种思想上的懒汉的做派，容易造成"张冠李戴"的情况。本来这个"神"喜欢这个，你偏偏送去那个，这样肯定会让"神心不悦"。

有个青年想向一位老中医求教针灸技巧，为了博得老中医的欢心，他在登门求教之前了解到老中医平时爱好书法，遂浏览了一些书法方面的书籍。

到了老中医家里后，对老中医的书法予以赞赏，老中医非常

老人言

开心。

接着，青年人又说："老先生，您这是唐代颜真卿所创的颜体吧？"这样，就进一步激发了老中医的谈话兴趣。果然，老中医的话多了起来。接着青年人对所谈话题着意挖掘，环环相扣，致使老中医精神大振，谈锋甚健。终于，老中医欣然收下了这个"懂书法"的弟子。

"对症下药"不但可以讨对方欢心，更能在非常时候免除性命之灾。

《世说新语》中有这么一则故事：有个叫许允的人在吏部做官，提拔了很多同乡人。魏明帝知道后，要治他结党营私之罪。许允的妻子告诫他说："明主可以理夺，难以情求。"意思是让他向皇帝申明道理，而不要寄希望于哀告求饶。

于是，当魏明帝审讯许允的时候，许允直率地回答说："陛下规定的用人原则是'举尔所知'，我最了解我的同乡，请陛下考察他们是否合格，如果不称职，臣愿受处罚。"

魏明帝派人考察许允提拔的同乡，他们倒都很称职，于是将许允释放了，还赏了一套新衣服。

许允提拔同乡，是根据封建王朝制定的个人荐举制的任官制度，不管此举妥不妥当，它都合乎皇帝认可的"理"。许允的妻子深知跟皇帝打交道，难于求情，却可以"理"相争，于是叮嘱许允以"举尔所知"和用人称职之"理",来抵消提拔同乡、结党营私之嫌。这可以说是善于根据说话对象的身份来选择所说的话的绝好例子。

到什么庙里烧什么香是取得成功比较便捷的方法。不顾对方,一味自说自话,不但事情办不成,人也会招致反感。

出门观天色,进门看脸色

俗话说:"出门看天色,进门看脸色。"无论做什么事,对什么人,只有先察言观色一番,摸清对方的心思后,再付诸行动,才能做到得心应手,万无一失。

康熙到了晚年,忌讳人家说老。如果有谁说老,他轻则不高兴,重则要让对方触霉头。左右的臣子都知道他这个心思,一般情况下都尽量回避说老。

有一次,康熙率领一群皇妃去湖中垂钓。不一会儿,渔竿一动,他连忙举起钓竿,只见钩上有一只老鳖,心中好不喜欢。谁知刚刚拉出水面,只听"扑通"一声,鳖脱钩掉到水里又跑掉了。康熙长吁短叹,连叫可惜,在康熙身旁陪同的皇后见状连忙安慰说:"看样子这是只老鳖,老得没牙了,所以衔不住钩子了。"

话未落音,旁边另一个年轻的妃子忍不住大笑起来,而且一边笑一边不住地拿眼睛看着康熙。康熙见了不由得龙颜大怒,他认为皇后是言者无心,而那妃子是笑者有意,是含沙射影,笑他没有牙齿,老而无用了。于是,他将那妃子打入冷宫,终生不得复出。

为什么皇后在说话时明显说到"老"字,康熙并没有怪罪她,而妃子只是笑了一笑,康熙却怪罪她呢?首先是康熙的忌讳心理,他不服老,忌讳别人说他老,一旦有人涉及这个话题,心理上就承受不了。其次,由于皇后与妃子同康熙的感情距离不同。皇后说的话,仔细推敲一下,有显义和隐义两个意义,显义是字面上的意义,因为康熙与皇后的感情距离较近,他产生的是积极联想,所以他只是从字面上去理解,知道皇后是一片好心的安慰。妃子虽然没有说话,只是笑了一笑,但在康熙看来,她是在皇后说的话的基础上故意引申,是把那只逃掉了的老鳖比做皇上,是对皇上的鄙视,因而是大不敬。

所以,同样的问题,同样的环境,由于不同人物的不同理解,便引出不同的结果来。正所谓"说者无心,听者有意",实际上究其原因,还是那个妃子没有用心去观察别人脸色的缘故。

人常说:"不打勤的、不打赖的,专打不长眼的。"这话说得实在有道理。因为与人相处时,如果你在无意之中触犯了别人的忌讳,就会在无形之中得罪对方。所以,察人不可不用心,不能因人外表而错判其人，更不能不知人心就与之随意亲近，因为有些人就是利用人们的这个弱点来达到自己不可告人的目的的。因此，在生活中，我们要做一个有心人。

所以，在生活中，为人处事都要用心，学会察言观色、学会灵活做事。正如老人言："出门观天色，进门看脸色"。

耳不听，心不烦

中国有句古语叫作"人言可畏"。即是说别人对你个人的说法、议论是十分恐怖的。无中生有的议论和谗言，会使你黑白难分。其实，最高明的办法就是坦然处之，默然以对。诚所谓，"耳不听，心不烦"。

有一只乌龟，住在小小的池塘里。有一天一群大雁排列成行，从长空翱翔而过，姿态优雅，好似受过严格训练的飞行健儿。乌龟看到大雁翱翔于天际，心中羡慕极了，心想：如果有朝一日自己也能像大雁一样飞翔于天空，那该有多么快乐！

春去冬来，冬逝春至，乌龟在池子之中，年年翘望大雁乘着春风，飞向温暖的南方。岁月年复一年地飘逝，乌龟心中那股逍遥游的欲念愈来愈强烈。有一年终于机会来了，有一对双飞雁正飞过池子的上空，乌龟伸长脖子，着急地大声嚷叫：

"雁大哥！请留步。雁大哥！我有个心愿，恳求两位无论如何要成全我。我希望能够和两位一样，也能在空中飞翔，享受那遨游瀚宇的快乐！"

大雁听了乌龟几近荒谬的请求，吓得一脸惨白，连忙摇头道：

"万万使不得！你没有翅膀怎么飞得起来呢？纵然飞起来了，万一摔了下去，是会粉身碎骨的。请你快快打消这个不理智的念头。"

"纵然会因此丧失生命，我也要飞行一次，求求你们成全我吧！"乌龟苦苦地请求。

大雁拗不过乌龟的哀求，只好无奈地答应道：

"好吧！我们就答应你这一次。你的身体如此重，我们一个用嘴巴叼住你的嘴巴，另外一个咬住你的尾巴，才好撑起你的身体。为了安全起见，飞行其间，你无论发生什么状况，都不能把嘴巴张开，否则从高空中摔跌下来，必然会失却生命。"

大雁果然合力载运着乌龟，飞行于空中。乌龟多年来的梦想终于成真，兴奋地俯视着脚下的山河天地，山丘、村落、森林、河川……迅速地向后逝去，原来展翅高飞的情境是如此的美妙呀！乌龟正沉醉在风驰电掣的快感之中，忽然听到下面一阵震耳的喧哗声，原来是一群在河床边玩沙的孩童，讥嘲侮蔑的字语声声传入乌龟的耳朵：

"哈哈！哈哈！大家快来看哟！一只笨乌龟被两只雁子抓走了，大家看它那笨头笨脑的样子，真是可笑极了！"

气急败坏的乌龟忘记了大雁的叮咛忠告，破口要大骂孩童，但是乌龟才一张口，生气的字眼还来不及吐出，它已像断线的风筝，从高高的空中重重地摔了下来，跌得满地碎片。

"是非天天有，不听自然无。"一位大智者如是说。这则小故事里的乌龟，就是没有做到"耳不听，心不烦"，才会落得如此的下场。

如果你曾注意过别人的批评是多么的随意，你便不会太在意。说过的话，他人早忘了，只有自己，因为一句没有根据的随性批评，而耿耿于怀，是得不偿失的。

在现代都市，快节奏的生活里，我们的内心总是处在不平静的状态下。我们常常会抱怨：为什么所有的人都与你过不去呢？为什么坏事儿总能让你碰上呢？为什么你总感到生活很难压力很大？我们不能改变别人，也不能一下子就改变自己的处事方式。但是，可以学习一下如何在心理上进行自我保护。

当人陷入要发火的境地时，最先也是最容易采取的克制策略是回避法：躲开，不接触导致心理困境的外部刺激。在心理困境中，人大脑里往往形成一个较强的兴奋灶。回避了相应的外部刺激，可以使这个兴奋灶让给其他刺激，引起新的兴奋灶。兴奋中心转移了，也就摆脱了心理困境。"耳不听，心不烦"正是说的这一道理。因此，在体验到某一心理困境时，就该主动回避，不在导致心理困境的时空中久久驻足。比如，家里的有人说你不行，导致你"勃然火起"或"郁闷不乐"，就赶快上班，离开"是非之地"，这可算是客观回避法。

此外，还可以采取主观回避法。即通过主观努力来强化人本能的潜抑机制，故意不听不理睬消极悲观的信息，在主观上实现注意中心的转移。注意力转移是最简单易行的一种主观回避法。

美国最高法院大法官露丝，恋爱4年结婚，婚礼当天早上，露丝在楼上做最后的准备，男友的母亲走上楼来，把一样东西放到露丝手里，然后看着露丝，用从未有过的认真对露丝说：

"我现在要给你一个你今后一定用得着的忠告。那就是你必须记住，每一段美好的婚姻里，都有些话语值得充耳不闻。"

男友的母亲在露丝的手心里放下一对软胶质耳塞。

正沉浸在一片美好祝福声中的露丝十分困惑。更不明白在这个时候，塞一对耳塞到她手里究竟是什么意思，但没过多久，她与丈夫第一次发生争执时便一下明白了老人的苦心。

"她的用意很简单，她是用她一生的经历与经验告诉我，人在生气或冲动的时候，难免会说出一些未经考虑的话，而此时，最佳的应对之道就是充耳不闻，权当没有听到，而不要同样愤然回嘴反击。"露丝说。

但对露丝而言，这句话产生的影响绝非仅限于婚姻。

作为妻子，在家里她用这个方法化解丈夫尖锐的指责，修护自己的爱情生活。作为职业人，在公司她用这个方法淡化同事过激的抱怨，优化自己的工作环境。她告诫自己，愤怒、忌妒与自虐都是无意义的。每一个人都有可能在某个时候会说一些伤人或消极的话，此时，最佳的应对之道就是暂时关闭自己的耳朵。

所以，在生活中，要学会"装聋作哑"，让内心平静。面对让自己不如意的话，千万别竖起耳朵，瞪大眼珠子跟人闹别扭，闹别扭实在是跟自己过不去。你气得头昏脑涨，损害了自己的身心健康不说，与对方的隔阂也会越来越大。"装聋"不仅平息了人际纠纷，化干戈为玉帛，而且能调节人际交往的小气候，增添生活乐趣。

会说的，不如会听的

"会听"的耳朵比"会说"的嘴更受欢迎。与其滔滔不绝地谈论自己，倒不如静下心来，听听别人说什么。我们知道，人们往往对自己的事更感兴趣，对自己的问题更在乎，更喜欢自我表现。一旦有人专心倾听我们谈论自己时，我们就会感到自己被重视、被尊重、被理解。而如果对方没有耐心地听我们讲话，或者把我们的话当耳边风，随便敷衍，我们就不会有好的感觉。知道了这些，在以后的交流中就要耐心地听取别人的倾诉，让别人觉得你是一个值得信赖的人，是一个尊重别人的人。

连平是罗宾见到的最受欢迎的人士之一。他总能受到邀请，经常有人请他参加聚会、共进午餐、担任基瓦尼斯国际或扶轮国际的客座发言人、打高尔夫球或网球。

一天晚上，罗宾到一个朋友家参加一次小型社交活动。碰巧发现连平和一个漂亮女孩坐在一个角落里。出于好奇，罗宾远远地注意了一段时间。罗宾发现那位女孩一直在说，而连平好像一句话也没说。他只是有时笑一笑，点一点头，仅此而已。几小时后，他们起身，谢过男女主人，走了。

第二天，罗宾见到连平时禁不住问道："昨天晚上我在斯旺森家看见你和最迷人的女孩在一起。她好像完全被你吸引住了。你怎么抓住她的注意力的？"

"很简单。"连平说，"斯旺森太太把苏珊介绍给我，我只对她说：'你的皮肤晒得真漂亮，在冬季也这么漂亮，是怎么做的？你去哪呢？阿卡普尔科还是夏威夷？'

'夏威夷。'她说，'夏威夷永远都风景如画。'

'你能把一切都告诉我吗？'我说。

'当然。'她回答。我们就找了个安静的角落，接下去的两个小时她一直在谈夏威夷。

今天早晨苏珊打电话给我,说她很喜欢我陪她。她说很想再见到我,因为我是最有意思的谈伴。但说实话,我整个晚上没说几句话。"

由此可见,在人际交往过程中,会倾听会更容易受到欢迎。威廉·詹姆士说过:"人类本质里最深远的驱动力是希望具有重要性。人类本质中最殷切的需求是渴望得到他人的肯定。"因此,人际交往的一个极为重要的法则就是时时让别人感到重要。与倾诉相比,倾听就是给人一种肯定和重要的感觉。

倾听很重要,但现实生活中,许多年轻女性却不注意倾听,她们是人群中的活跃者,她们喜欢以自我为中心,在喋喋不休之中让自己占尽谈话的"风头",而忽视了别人也有谈吐的欲望,别人也渴望交流,最终,在有意无意间,令人感到压抑和被忽视。她们伤害了别人,自己也得不到好人缘。所以,"会听"的耳朵比"会说"的嘴巴更重要,与其滔滔不绝地谈论自己,倒不如听别人如何说。

民间有一种很有意思的说法,说人们之所以喜欢拜观音菩萨,就是因为她只听不说。虽然是一个民间说法,却说明了倾听在社会交际中的重要性。同样,在西方也流行着这样一句谚语:"上帝给我们两只耳朵,却只给了一张嘴巴,其用意是要我们少说多听。"

假如你是一个说话者,而你的交流者没耐心听你讲话,或者把你的话当耳边风,随便敷衍,你会有好的感觉吗?相反,如果对方相当重视你的谈话,你肯定更容易和对方交流。

卡耐基曾被邀请去参加一个桥牌集会。卡耐基不玩桥牌,在场的一位金发女郎也不玩。她发现卡耐基以前曾是罗维尔·托马斯进入无线电业之前的经理,也发现他在准备生动的旅行演讲的时候,曾在欧洲各处转过。因此她说:"卡耐基先生,我请求你把所有你去过的那些美妙的地方,以及你所见过的那些美丽景色,全部告诉我。"

坐在沙发上,金发女郎说她和丈夫最近刚从非洲旅行回来。"非洲!"卡耐基惊叹,"多么有意思!我一直想看看非洲,但除了有一次在阿尔及利亚待了24小时以外,我从没去过。真的,我多羡慕你,请把非洲的情况告诉我"。45分钟很快就过去了。她一次也没有问卡耐基到过什么地方,看到什么。她不想听卡耐基谈论他自己的旅行,她所要的只是一个感兴趣的听众,她滔滔不绝地告诉卡耐基她到过的地方。

她与众不同吗?许多人都像她那样。我们应该聆听别人的理由至少有两个:第一,只有凭借聆听,你才能学习;其次,别人只对听他说话的人有反应。

可惜，我们大部分的人很少真正记得应用它。卡耐基说："最重要的是聆听，在你开口告诉别人你有多棒之前，你一定要先聆听。然后你才能开始认识别人，与别人交谈，千万别高人一等。多跟别人交谈，用心倾听，不要太快下决定。"简单地说，世界上任何人都喜欢别人听他说话，只有对于听他说话的人，他才会有反应。聆听是表示尊重的一种最佳方式，表示我们看重他们。聆听他人，我们等于是在说："你的想法、行为与信念对我都很重要。"

倾听是对他人的一种尊重、一份理解、是心与心的交流，是情感与情感的互动。倾听是对他人最好的恭维，学会倾听，你才能将自己打造成为人生的智者。

在人与人的交往中，每个人都希望别人能听自己的话，这是人的一种心理欲求。如果一个人在交际中一直以自己为中心，滔滔不绝地谈论自己，就会让人感到乏味和厌倦。所以，西方人常说："与人交谈，犹如弹弦一般，当别人感到乏味时，便要把弦按住，使它停止振动、发声。"当你忍不住要夸夸其谈的时候，请多想想这样所带来的恶果吧。

话说多了，就会让人生厌，也容易"祸从口出"，这时，最好的办法是学会静心倾听。注意听，给人的印象是谦虚好学，专心稳重，诚实可靠；认真听，能减少不成熟的评论，避免不必要的误解；善于听，能让你拥有丰富的人脉资源。

玩笑之时有分寸

玩笑是把双刃剑，用得好可以调节我们的生活，一旦失去分寸，就会适得其反，弄巧成拙。

俗话说，凡事有度，适度则益，过度则损。人际交往中，开个得体的玩笑，可以松弛神经，活跃气氛，创造出一个适于交际的轻松愉快的氛围，因而诙谐的人常能受到人们的欢迎与喜爱。但是，开玩笑开得不好，则适得其反，伤害感情，因此开玩笑要掌握好分寸。

喜欢开玩笑的人一般都心怀善意，他们想做的有时只不过是要多给人增加一份快乐而已。但无论如何，玩笑也有伤人的可能，其界限是很难分的。开玩笑，必须随时记住这一点，即适可而止，否则一步走错弄巧成拙，便得不偿失。

一天，几个同事在办公室聊天，张宁刚配了一副眼镜，于是拿出来让大家看看她戴眼镜好看不好看。大家不愿扫她的兴都说很不错。这件事使胡威想起一个关于近视眼的老小姐的笑话。接着是一片哄笑声，孰料事后竟从未见到张宁戴过眼镜，而且碰到胡威再也不和他打一声招呼。

其中的原因不难明白。说者无心，听者有意，在胡威来想不过是说起一则近视眼的笑话，然而，张宁则可能这样想："你取笑我戴眼镜不要紧,还影射我是个老小姐。我老吗?我才26岁!"

一句玩笑伤害了他人的心灵,让原本顺畅的人际关系出了问题,这岂不是得不偿失?有太多这样的例子告诉我们,不要为了一时口快乱开玩笑,有失分寸的玩笑一定会引来麻烦,我们应该引以为戒。

人生如若没有了玩笑的调剂,那一定活得太累太累。不过,开玩笑也是人生的一种智慧,一种艺术,一种境界,一种性情,并不是人人都能够游刃有余地使用这件利器的。不懂开玩笑的人是可悲的,而玩笑开过了火也同样是可悲的!

玩笑不宜随意挥霍,否则它就会从珠玉变为粪土;玩笑不是一个筐,不能什么都往里装。

人的脾气、性格、爱好不同,开玩笑要因人而异。开玩笑要注意长幼关系。长者对幼者开玩笑,要保持长者的庄重身份,使幼者不失对长者的尊敬;幼者对长者开玩笑,要以尊敬长者为前提。开玩笑要注意男女有别。男性对语言情境的承受能力较强,一般的玩笑不会导致男性的难堪;女性对语言情境的承受能力较弱,不得体的玩笑会使女性难堪,甚至"下不来台"。开玩笑还要注意亲疏的差异。一般情况下,与自己比较亲近、熟悉的人在一起开玩笑,即使重一点,也不会影响友好关系。但与自己比较陌生的人在一起,就不宜开玩笑,因为你对人家的个性、经历、情趣、隐私不了解，可能在开玩笑中冒犯了人家，引起反感，不利于今后的互相了解和友谊的发展。

开玩笑要因地而异。一般来讲，在庄严、肃穆的场合不能开玩笑，工作时间不能开玩笑，在公共场合和大庭广众之下，也尽量不要开玩笑。在非常时期，不能拿非常之事开玩笑，在公共传媒上开玩笑更是要慎之又慎。

开玩笑要讲究内容健康。拿别人的生理缺陷开玩笑，这是故意揭"伤疤"；捕风捉影，把小道消息当作笑料，这是不负责任的低级趣味；把玩笑下流化，将肉麻当有趣，这是寻求感官刺激。凡此种种，都应坚决避免。

总之，只有当你把握好开玩笑的分寸时，你才能够放心大胆地开玩笑，成为一个真正幽默的人。

巧言令色多陷阱

巧言令色之人与口蜜腹剑之人通常都令人防不胜防。

孔子说："巧言令色鲜矣仁。"什么是"巧言"？讲仁义道德比任何人都头头是道，但是却不脚踏实地。"令色"是指态度上好像很仁义，但却是虚伪的。

每个人都喜欢被别人逢迎奉承，但面对奉承或批评仍能泰然处之，则十分不易。所以明明知道自己的缺点和他人的缺点，待人的时候，却不一定能看到"巧言令色"。当别人将你捧到高处，心中觉得很舒服，此刻就要为自己敲响警钟。

为上者要切记不要陷入阿谀谄媚、巧言令色者的骗局，在组织或团队中，总有这样一种人，不做工作却在不停地编着故事，投领导喜好，久而久之，领导也在不知不觉中享受着这些美言。当年汉景帝就是在长公主刘嫖无中生有的故事中废了栗妃和太子，所以才有了腥风血雨中政治交易的"爱情"经典"金屋藏娇"。改写历史的往往不是对历史有功之人，无功受禄者、巧言令色者是鲜有成本的、最轻巧、最大的投机商。

俗话说，"知人知面不知心"。生活中有许多貌似忠厚，实际上心怀叵测的人，常常是"大奸若忠"，巧言令色，对于这样的人，不能不多加防备。

唐玄宗时期，李林甫在朝中担任宰相。他深知要巩固自己的地位，必须讨得皇帝的欢心，于是想方设法结交皇帝的宠臣，做让皇帝高兴的事。唐玄宗见他聪明，对他十分信任和宠爱。李林甫嫉妒心还很强，对有才能的人或皇帝信任的人都恨之入骨，总是想尽办法除掉他们。可他表面上对这些人却十分和善，当面甜言蜜语，其实心里却时时在盘算着害人的诡计，所以一些人被害以后并未察觉。后来，李林甫的这种虚假面具终于被人们识破了，大家都说他是一个"口有蜜，腹有剑"的人。

读史学做人，我们可以从历史人物身上学到许多为人处世的道理。从进言的角度看，真诚不佞，即便点头称是，也不是唯唯诺诺；阿谀献媚，即便自作聪明的批评，也是虚伪的变相奉迎。从纳言的角度看，喜忠直，耳畔便多逆耳忠言；耳根软，听到的便多是献媚之词。

谣言止于智者

在春秋战国时期，南子是卫国国君的宠妃，是个倾国倾城的美人，但是在外面的名声不太好。有一次，孔子去会见南子，子路很不高兴。他劈头盖脸地质问他的老师，一点也不给孔子面子。急得孔子赌咒发誓说："我要是做了什么伤天害理的事，那真是要天打五雷轰！"其实，子路听说孔子去见了南子，很着急也很生气的主要原因是担心老师的声誉被毁。但是，孔子并不这样认为，他说："子路啊，你不要人云亦云。难道你不知道人言可畏吗？别人说南子不好——是个天厌之的人，但是我见了她觉得她很好，并不是外面所传说的那样。"

在这里我们能够看到一个智者的修养：背后不胡乱说他人是非，而且让谣言止于智者。关于这一点，古今中外的思想家空前一致。

有这么一个故事，一个人急急忙忙地跑到苏格拉底那儿，对苏格拉底说道："我有个消息要告诉你……"

"等一等，"苏格拉底打断了他的话，"你要告诉我的消息，用3个筛子筛过了吗？"

"3个筛子？哪3个筛子？"那人不解地问。

"第一个筛子叫真实。你要告诉我的消息，确实是真的吗？"

"不知道，我是从街上听来的。"

"现在再用第二个筛子审查吧。"苏格拉底接着说，"你要告诉我的消息就算不是真实的，也应该是善意的吧。"

那人踌躇地回答："不，刚好相反……"

苏格拉底再次打断他的话："那么我们再用第三个筛子，请问，使你如此激动的消息很重要吗？"

"并不怎么重要。"那人不好意思地回答。

苏格拉底说："既然你要告诉我的事，既不真实，也非善意，更不重要，那么就请你别说了吧！这样的话，它就不会困扰你和我了。"

这就是智者的胸怀，让扰乱人心的谣言到我们这里戛然而止。否则以讹传讹，后果就不堪设想了。谣言的危害猛于虎，它不仅伤害到一个人的声望名誉，更有可能会使人以死正身。就

老人言

如，在20世纪的旧上海，阮玲玉可以说是名噪一时的名角。但是这位才华卓绝的女演员却因为不堪忍受流言蜚语而自杀，在25岁的花样年华香消玉殒。她走得匆忙，也留给我们诸多揣测，难道她年轻生命的代价还不能让世人惊醒吗？

人在职场，总难免会遇到各色人等，也难免会遇到谣言，但是面对闲言碎语我们要有足够的理性，千万不能火上浇油，也不要轻易相信这些人云亦云的事物，要学习孔子这位千古圣人的理智。他用自身的言行给子路上了一课，也给我们众人上了一堂深刻的人生课。

谣言依附盲从者而生存，依靠智慧者而终止。

宋国有一个姓丁的人家，家里没有井，因此整天都要浪费至少一个人的劳力到别的地方挑水。

后来，姓丁的人家决心在后院打一口井，请求许多人帮忙。他们下了很多工夫，花了许多钱，终于有自己的水井了！

有了这口井，姓丁的人家就觉得轻松多了，挑水浇园和饮用都不必到很远的地方去；入秋时，田里还大丰收。于是，他们家的人对邻居说："我家开了口井，等于得了个人！"

有人在一旁听到这话，非常惊讶，以为丁家真的从井中挖出一个大活人。于是，这人就把这消息当作新闻，见到人便说："姓丁的人家开井，从井里挖了个人！"人们听了，都感到很惊讶，于是一传十，十传百，百传千……一时间，全国各地的人都听说了。

这话传到宋国国王的耳朵里，国王并不相信，就叫人到丁家问这件事。

丁家的人见国王派人来查问，非常慌张。等明白了怎么回事，才松了一口气，对那人说："我们丁家开井只能得水，怎么会得人呢？所谓开井得一人，是说因为有了这口井，我们家就节约了一个劳动力啊！"

了解了事情的真相后，国王下令禁止传扬这件事。从此，才没有人再说丁家井中得人的奇事了。

将"一"说成"十"是很多人的本性。总有一些人，怀有各种各样的目的和心态，唯恐天下不乱，对于一件小小的事情都会肆意夸大，歪曲事实，并广泛传播。谣言就是依靠这群人而生存的。谣言止于智者，当真相大白于天下时，谣言自然不攻自破，传播谣言的人也会销声匿迹了。

那么，在信息化时代，它在方便了沟通、密切了联系的同时，也为一些不准确或错误信息的快速传播提供了条件，产生不良影响甚至是严重后果。谣言止于智者。我们每一个人，都有责任和义务，学会做一个面对谣言的智者。真正的智者不一定要博古通今，不一定要历经坎坷，但一定要内心强大，有着健康平和的心态；真正的智者，一定能以柔克刚，以静制动，不能随波逐流、人云亦云；真正的智者，要有明辨是非的能力；真正的智者，要有终止谣言的勇气，还原事实真相的勇气。只有这样，才能从根本上铲除谣言生长的土壤，合力营造一个清明的世界。

藏不住事，不成大事

藏不住事的人很容易将自己的隐私泄露给他人，自己的隐私一旦被人知晓，很可能酿成不可估量的祸事。

给你的隐私加把锁，不要轻易向人敞开你的心灵之门，如果你不想给人留下浅薄的印象，就不要轻易地让别人将你看得通通透透。

我们每个人在自己的内心里，都有一片私人领域，在这里我们埋藏了许多只属于我们自己的"隐私"。

那是自己的秘密，只可留给自己，千万不要随便说出口，也许它会成为别人要挟你的把柄。到最后，追悔莫及。

马林因为不懂保护隐私，吃了大亏。他刚入职场时，怀着很单纯的想法，像大学时代对室友们无话不说一样，常将自己的一些经历及想法毫不设防地对同事讲。马林工作不久，就因出色的表现成为部门经理的热门人选。可他曾无意中告诉同事，他的父亲与董事长私交甚好。于是，大家对他的关注集中在他与董事长的私人关系上，而忽视了他的工作能力。最后，董事长为了显示"公平"，任命一个能力和他差不多的职员为部门经理。如果马林保护好自己的隐私，也许就能得到这个升职的机会。老板们都欣赏公私分明的员工，敬业不仅意味着勤奋工作，更意味着以大局为重，不把私事带到工作领域中来。

很多人都和马林一样，有一个共同的毛病：心里藏不住事儿，有一点点喜怒哀乐，就总想找个人谈谈；更有甚者，不分时间、对象、场合，见什么人都把心事往外吐。

其实这也没有什么不对，好的东西要与人分享，坏的东西当然不能让它沉积在心里。要说可以，但不能"随便"说，因为你的每个倾诉对象都是不一样的，说心里话的时候一定要有"心机"，该说则说，不该说千万别说。

之所以处理隐私要这么慎重，是因为隐私会泄露一个人的脆弱面，这脆弱面会让人改变对你的印象。虽然有的人欣赏你"人性"的一面，但有的人却会因此而下意识地看不起你，最糟糕的是脆弱面被别人掌握住，会形成他日争斗时你的致命伤。这一点不一定会发生，但你必须预防。

其次，有些隐私带有危险性与机密性，当你毫不顾及地倾吐这些隐私时，很可能有一天会被人拿来当成对付你的武器，你是怎么吃亏的，恐怕连自己都不知道。

即使对好朋友也该有所保留，不可随便说出来，你要说的隐私还是要有所筛选。因为你目前的"好"朋友未必也是你未来的"好"朋友，这一点你必须了解。

一定要给你的隐私加把锁，无论是办公室、洗手间还是走廊，只要是在公司范围内，都不要谈论私生活；不要在同事面前表现出和上司超越一般上下级的关系；即使是私下里，也不要随便对同事谈论自己的过去和隐秘思想；如果和同事已成了朋友，不要常在其他同事面前表现太过亲密，对于涉及工作的问题，要公正，有独到的见解，不拉帮结派。有些人喜欢打听别人的隐私，对这种人要"有礼有节"，不想说时就礼貌而坚决地说"不"。千万不要把分享隐私当成打造亲密同事关系的途径。

我们不妨学着换位思考，站在别人的角度想一想，也许更能理解为什么有些话不该说，有些事不该让别人知道。全面地看待问题，会有助于你权衡什么该说，什么不该说。

保护隐私，一来是为了让自己不受伤害，二来也是为了更好地工作。不过，也没必要草木皆兵，若对一切问题都三缄其口，也很容易让人觉得你不近情理。有时，拿自己的缺点自嘲一把，或和大家一起开自己的无伤大雅的玩笑，会让人觉得你有气度、够亲切。

嘴上得有个把门儿的

言语谨慎对一个人立身、处世具有很重要的意义。祸从口出,就是说祸患常因为言语不慎而招致。处世戒多言,言多必失。

我们常说:"言多必失。"意思是说:如果一个人总是滔滔不绝地讲话,说得多了,话里自然就会暴露出许多问题。特别是人多的场合,一不小心,一旦失言,你的话就可能伤害了某个人,这自然会给你招惹祸端。

在事业成功的过程中,一言一行都关系着个人的成就荣辱,所以言行不可不慎。不论什么时候,在公共场合,说话时一定要注意说话的分寸。没有考虑周到的话,最好少说。总而言之,是"嘴上得有个把门儿的"。

杨涛被推荐到一所公司就任部门经理。在过去的工作岗位,杨涛的工作得心应手,无论是业绩还是人际关系都非常理想。刚刚来到一个新的环境,他觉得有些不适应,上任几个月始终不能摆脱过去公司的"痕迹",忍不住拿过去公司的种种好处同现在的公司做比较,尤其在公司会议上,他每次总要不停地谈到过去公司的状况,"我们过去如何如何"几乎成了他的口头禅。久而久之,他发现许多同事对他总是敬而远之,他花了许多心思也没能够改善自己被"冷藏"的状况,直到一个偶然的机会,他听到几个女同事在背后议论："那个人真虚伪，既然过去的公司那么好，干吗跳槽过来呢？"他这才醒悟过来，开始注意自己的言谈举止，可惜他已经给大多数人留下了恶劣印象，想在短时间内让大家接受他又谈何容易。

杨涛在跳槽后，还残留着对过去工作环境的"留恋"，尤其是遇到一些不太如意的事情，就"触景生情"，这本来无可厚非，但他错误地让这种负面情绪从自己的言谈中流露出来，一味地回顾过去，难免令人生厌。跳槽从某种意义上可以说是对过去企业的"背叛"，既然已经"移情别恋"，又何必藕断丝连、旧情难忘呢？过去不必留恋，今天才更重要。杨涛没有注意到这一点，结果给大家留下了一个虚伪的印象。

在生活中，总是少不了杨涛这样的人，他们不加思考，滔滔不绝地讲话，很少考虑别人的感受和自己将面临的后果。

"言多必失"的教训实在太多，所以，请告诉自己，不要再希冀用言辞来给别人留下深刻的印象。你说得越多，你所能控制的也就越少，说出愚蠢的话的可能性也就越大。所以，嘴上得有个把门儿的。

为了避免多说话招致祸患，要注意以下几点：一是要少说话，多听听他人的意见和主张，虚心向有才能的人学习，才能以人之长补己之短；二是说话要慎重，不要妄发言论，信口雌黄，让人觉得你不知天高地厚；三是讲话要注意时间、地点、场合和讲话的对象，不要不管三七二十一，炫耀自己在某一方面有学识、有见解，或是比别人知道的他人隐私多，乱发议论，这样会伤害别人的自尊心，也会影响人际交往。四是要注意讲话内容的选择，该讲的要讲，不该讲的不要到处乱讲。

心口如一终究好，口是心非难为人

常言道："心口如一终究好，口是心非难为人。"

春秋的时候，楚国叶县有一个名叫沈储梁的县令，人们叫他叶公。他嗜龙如命，叶公的家里，不管是装饰物、梁柱、门窗、碗盘、衣服等，上面都有龙的图案，连他家里的墙壁上也画着一条好大好大的龙。"我最喜欢的就是龙！"叶公得意地对别人说。

有一天，叶公喜欢龙的事被天上的真龙知道了，真龙说："难得有人这么喜欢龙，我得去他家里拜访一下啊！"真龙就从天上飞来叶公的家，把头伸进叶公家的窗户内，叶公一看到真正的龙，吓得夺路而逃，并大喊："有怪物啊！"真龙觉得很奇怪，说："你不是很喜欢我吗？你怎么说我是怪物呢？"叶公害怕的直发抖，说："我喜欢的是像龙的假龙，不是真的龙呀。"叶公话

老人言

没说完，就连忙往外逃走了！留下真龙一脸懊恼地说："叶公说喜欢龙这件事是假的，他内心很怕我呢！"

后来，大家就用"叶公好龙"来形容一个人心口不一，口是心非。我们做人千万不要表面一套，背后一套，口是心非，失去大家对自己的信任，最终什么也做不成。

人的境遇、学识等因素，使得每个人对同一件事物的看法可能有所不同，所谓"横看成岭侧成峰，远近高低各不同。"我们有了想法，就要直抒己见，不要藏着掖着，造成别人的误会反而不好。你觉得他的方法不对，也可以直接告诉他，人与人地位都是平等的，提出中肯的意见，对谁都有利。

阿瑟是某大型公司的老板，在谈及他的成功经验时，他讲了自己小时候的一则故事：

当时我刚 10 岁的时候，正好遇上了那个年代的经济大萧条，为了能有自己的零花钱，我去一家糖果店干杂活。这份工作得来并不容易，我跟店主恳求了好久，他才答应让我留下来试试，因此，我干得比别人更加卖力，并在闲暇的时候和店主家的同龄儿子成了要好的伙伴。

一天，店主家里的儿子，要出去游玩，想邀请我一起同去，但是店主平时对我很严格，当天安排的活一定要干完，才能休息或自由玩耍。这次情况也是。我还有好多活没干完，但是我非常想去游玩。店主过来，问我："你想出去玩吗？但是你的工作没干完！"我犹豫了一阵，怯生生地回答："我想去。"我说完，内心想道："店主肯定会开除我的，因为我不勤劳，只想着玩了。"但不料想，店主听完，不但没生气反而很高兴地对我说："阿瑟，你干得很好！你是个诚实的孩子，你敢于说出自己心中所想的，而不是口是心非，随便编造一个谎言敷衍了事。这是我故意考验你的。恭喜你过关了，你可以在继续在这里干下去，直到你自己不愿意为止。"当时我高兴极了，我终于拥有了一份长期稳定的收入，但我没忘记，这一切都源于自己敢于说出心里真实话的诚实。

以后我相继又干过很多职业，但"心口如一"一直是我的人生信条，它使我赢得了良好的声誉，人们都乐于和我合作，我也就有了今天的成就。

看来"心口如一"是商场必备的一项技能。如果在与人交往的过程中，始终戴着自己的面具行事，不仅别人感觉不到你的诚意，而且别人不会理解你的真实想法。所以，我们在与人交易的过程中，一定要"心口如一"。你的产品质量怎样，价值多少，有什么用途，都要一一对客户讲明白，这样才能取得他们对你的信任，买你的产品。如果你在推销自己产品的过程中，也是乱讲一气，故意把自己的产品说得天花乱坠，客户即使买了此产品，

老人言

之后也会感觉上当,最终有可能造成退货,商家名誉上受到损失,更是得不偿失。

北宋词人晏殊,就是一个"心口如一"的人。在他14岁的时候,有人把他作为神童举荐给皇帝。皇帝亲自召见了他,并要他与一千多名进士同时参加考试。结果晏殊发现考试的题目竟然是自己十天前刚练习过的,就如实向真宗报告,并请求改换其他题目。宋真宗对此非常欣赏晏殊的诚实品质,便赐给他"同进士出身"。晏殊当职时,正值天下太平盛世。于是,京城的一些官员,便经常到郊外游玩或在酒肆饮酒。晏殊家贫,无钱出去吃喝玩乐,只好在家里和兄弟们读读书,写写文章,打发时间。有一天,真宗提升晏殊为辅佐太子读书。大臣们都惊讶异常,都不明白真宗为何做出如此的决定。真宗说:"近来群臣时常游玩饮宴,只有晏殊闭门读书,如此自重谨慎,正是辅佐太子合适的人选。"晏殊谢恩后说:"我其实也是个喜欢游玩饮宴的人,只是家贫而已,没钱挥霍而已。若我有钱了,也想出去到处玩耍。"这两件事,使晏殊在群臣面前树立起了信誉,而宋真宗也更加信任他了。

因此,"心口如一"的精神是多么的难能可贵啊!为人处世一定要言行一致,切莫因口是心非失信于人,从而招人唾弃。

第二章

为人胸怀：造房要余地，做人要余情

——眼界决定境界，气度造就高度

见人只说三分话

花不可开得太盛，盛极必衰，话也不可说得太满，太满必有所失。对于你没有十足把握的事情，不要把话说得太满。给自己留些余地，才不会将自己陷于被动的境地。

当今的社会是一个充满竞争的社会。在这种情况下，"知无不言，言无不尽"有时看起来的确显得很幼稚和可笑。

这样的人给人开始的印象总是比较好的，刚开始大家会认为你很老实和忠厚，可是，渐渐地他们会发现原来你头脑简单、思想简单，这样你便被定位为一个弱者，在没有一种自我保护机制的情况下，常常会吃亏的。

另外，"坦率"的人还常常伤害别人。这种人想说什么就说什么，毫无掩盖，直来直去而且不分场合。你的"坦率"会在连你自己也不知觉的情况下，就伤害了别人。这样，你在无形之中就形成了无数潜在的敌人，这种敌人比你知道的敌人更可怕，他们会寻找机会来向你发动进攻，趁你不备将你击倒。

最后，"坦率"的人还会被别人利用，因为你"坦率"，所以你对事情的看法往往很浅薄，而且很容易被对方的话激怒，同时也很快做出承诺为某人打抱不平，与其当你在梦醒后发现自己被人利用，倒不如早点醒悟过来，警惕自己，多要求、告诫自己，切不可过于"坦率"和感情用事，"坦率"的背后一定要有理性和智慧的支配，否则，一句"人有失言"就有可能使自己置身于困境当中。

威尔逊刚就任俄亥俄州的州长之时，在一次宴会上，宴会主席向在座众人介绍，说威尔逊是"未来的美国大总统"，这只是主席对威尔逊的称颂罢了。

威尔逊在即兴发言时，给大家讲了一个故事："在加拿大有一群垂钓的游客，其中一名叫作强森的人，大胆地试饮某种有危险性的酒。强森喝了过多那种有害的酒后，便和其他同伴欲搭火车回去，但是，他却不搭北上的火车，反乘往南下的火车。于是，大家急于把他找回来，就打电话给那班南下列车的车长：'请将一位叫强森的矮个子，送往北上的火车，他喝醉了。'不久,他们就收到车长的回电,表示:'请再详示其特征。本列车中有 13 名醉酒的乘客。他们既不知自己的姓名,更不知目的是何方。'"威尔逊笑着说,"而我威尔逊,确知自己的姓名,可是,却不能像你们的主席一样,确实知道我将来的目的地在哪里。"四座的人士一听都哄然大笑。

威尔逊用一个巧妙的故事补救了主席的"口误","我不知道目的地在哪里",能否当选总统还未可知呢!给自己留下了余地,避免了日后可能产生的问题,还为在座众人留下了谦逊有礼的印象。

人心是最复杂的东西,把心腹之言都掏出来,固然真诚可敬,但往往会触犯人身上的逆鳞;把话说得太满,就会印证那句"水满则溢,月盈则亏"的金玉良言,将自己陷于被动的境地。

身为律师的孙波多年前有一次参加一场不很轻松的国际谈判,最后一天从晚上八九点钟,一直谈到深夜一点钟,双方还在谈判桌上僵持不下。对方有一个人出言不逊,小孙想:"我们怎么可以让他这么放肆呢?"

于是,小孙马上回敬一句,同样略带讽刺的意味,于是,气氛马上僵硬了起来,还好,对方有一个人呼叫说:"大家累了!休息 5 分钟吧!"他这一句话,化解了尴尬的场面。同时,小孙也惊觉自己犯了兵家大忌,为了逞一时口舌之快,把谈判的有利位置拱手让给了别人。当然，经过了5分钟的缓冲时间，协议后来很快便达成了。

如果有什么话，想要脱口而出时，不妨先从大脑中过滤一下，让嘴巴比脑子慢半拍，说出来的话自然就不至于太满，也不致使自己没有回旋的余地了。

当人们纷纷感叹"处世之难，难于上青天"时，佛陀大师却微笑着将世界比作一场华丽的舞会，聪明人往往选择跳探戈，自始至终保持着优雅奔放、进退自如的姿态。

为人处世中，留三分余地给别人，就是留三分余地给自己。在足够宽敞的空间里，我们才能翩翩起舞，跳一支高贵优雅的生命探戈。

得放手时且放手，得饶人处且饶人

在人际交往中，得理不饶人的现象普遍存在。有些人一旦觉得自己有道理，就会揪住别人的过失，穷追猛打，非逼对方竖起白旗不可。但是，即使对方真的竖起了白旗，恐怕心理也有了很多的怨气，而怨气多了，就会发泄，这样就容易冤冤相报。因此，生活中一些极具智慧的人，大多具有一颗包容的心，他们懂得得理也让人，不会因为自己有理就咄咄逼人，就把对方"赶尽杀绝",逼向绝路。

贝尼托·华雷斯是墨西哥前总统,墨西哥著名的资产阶级革命家和杰出的民主主义者。他是个纯血统的印第安人,牧童出身,连续当了四任总统。微贱的出身和他建立的丰功伟绩,使他成为一个传奇人物。但是,华雷斯虽然身居高位,却没有以此来严格要求别人,他总是宽厚待人,在别人犯了错时,只要没有违背原则,他就不去计较,宽大处理。

一次,华雷斯到维拉克鲁斯视察。他被迎进了卡利州长的官邸。州长给总统安排了最好的房间,但华雷斯借口奥坎波的房间更接近浴室,恳求和他交换。在总统一再要求下,奥坎波让步了。第二天清晨,华雷斯走出房间到浴室去。没有水。他拍了几下手掌,来了一个名叫罗娜的女仆,她是个乡村妇女,已经不很年轻,还有点脾气。

"你要什么?"这个女仆问道。

"请打一点水来。"华雷斯说。

"你要乐意,就等着吧。好个爱干净的印第安人!我总得先招待总统吧!"

华雷斯什么话也没说,就回自己房间里去了。过了一刻钟左右,总统又请她打点水来。

"你要乐意就等着,我得先伺候华雷斯先生!真不像话!没见过你这么不识相的人！这么着急，您就自己动手嘛，水龙头就在那儿！"说着给他指点了庭院一角的一个盥洗处。

华雷斯没对发脾气的罗娜说什么话，自己走去打水漱洗。

到吃午饭的时候，这个女仆穿上了她最好的衣服，心情紧张地盼着见到总统，希望有机会荣幸地伺候他。

突然间，她看见那个不识相的印第安人穿一身黑色大礼服，在主人卡利陪同下，沿着走廊穿过大厅。

"那家伙也来了。"这个敦厚的女仆想道。

当女仆看见大家一直等那个印第安人坐到他的高背椅上之后才敢入座，她吓得面无人色，浑身哆嗦，不由得惊叫一声。大家转过身来瞧这尴尬的女仆，她哭得悲悲切切。华雷斯站起身来，亲切地拉着她的胳臂说："别哭了，小姐。您不要担心，没有什么了不起的事嘛。如果您的工作是招待大家，那您就干去吧，因为这里每个人都应当尽自己的本分。"

身为总统，华雷斯完全可以苛责女仆，但他没有那样做，反而在女仆自责难过时给予了安慰，他的雅量，他的宽阔的心胸，无疑是值得我们每个人学习的。

生活中，每个人都有做错事的时候，面对别人的错误我们不能一味地去责备，更不能在公众场合揭他人伤疤，这样就会伤害对方的自尊，也容易留下怨恨。你可换位思考，因为你自己也是个普通人，也会犯错误，在你犯错误的时候难道你不希望别人能够原谅你吗？

得饶人处且饶人，在你给别人留一条路的时候，你也是在给你自己铺一条路，如果把对方往绝路上逼，你的人生结局也不一定会如意。

宠辱不惊，去留无意

陈眉公辑录的《幽窗小记》中记录了明人洪应明的对联："宠辱不惊，闲看庭前花开花落；去留无意，漫随天外云卷云舒。"这句话的意思是说，为人做事只有把宠辱看作如花开花落般平常，才能不惊；只有把职位去留看作如云卷云舒般变幻，才能无意。

大画家齐白石的座右铭："人誉之一笑，人骂之一笑。"这句话正好可以看作是那副对联的最好写照。

"人骂之一笑"的这一句话，看似容易，真正做起来却难，因为那需要"波澜不惊"的情怀。阅历丰富又看惯了人情世故的齐白石老人一直明白一件事情：尽管自己学术有成，但是艺术界一贯如此，树大招风，再加上人多嘴杂、众口难调，有赞赏声，自然也就会有谩骂声。各人欣赏眼光不同，对同一幅艺术作品，喜欢者赞不绝口，厌恶者可能会将其贬得一文不值，且不说是心存偏见还是嫉贤妒能。所以，又何必太在意外界的骂声、诽谤声，虽然也难免会声声入耳，但听了之后不必当真，一笑了之而已。当然，这是对于那些无聊的毁谤，如果是有道理的真知灼见，则不能"一笑了之"了，那就需要有能够接纳忠言的胸襟。

能够做到"人誉之一笑"，需要一个人的睿智通达，知道山外有山，人外有人。每一个领域都新人辈出，各领风骚，即使是被别人奉为大师，自己也不能真的就把自己当作了大师。

比起猛烈的攻击，其实掌声和鲜花容易使人眩晕，因为人在荣誉面前的抵抗力总是很低下，此刻，一定要保持清醒的头脑，如果真的觉得自己已经可以了，就该落后了，就离淘汰出局不远了。所以，尽管齐白石的艺术生涯硕果累累，一直生活在荣誉和光环中，水到渠成地成为人民艺术家、中国美术家协会主席、人民代表大会代表、国际和平奖获得者……但他却始终是一笑了之，既不得意忘形、目空一切，也不孤芳自赏、故步自封。

齐白石的"两笑"，真正地阐明了一个道理：宠辱不惊。

在现实生活中，人生总是会有起有落，"宠"或"辱"是每个人都会遇到的事情。"受宠"时，我们就难免洋洋自得，忘乎所以，美滋滋地感受着似锦繁花；而当"受辱"时，自然也难免愤怒的火焰在胸中燃烧，痛苦难耐，灼伤了自己，也焚烧了别人。倒不如以平和的心态。看淡"宠辱",那么,就不会产生失衡的落差了。

无论是显赫名人还是无名小卒,哪有不受毁谤、不招指责,不被调侃、不被人嫉妒的?遇到这种情况如果挨个生气愤怒一遍,再多的精力也不够用啊。

不过,比起"辱"不惊,能做到"宠"不惊的才是真正的高手。

曾有这样一则笑话:

从前有一个老童生,考了一辈子科举连个秀才都没捞上。有一次,他和儿子同科应考。等到放榜的那一天,儿子看了榜,知道自己已经被录取,赶快回家报喜。当时老童生正在房里洗澡,儿子敲门大叫说:"父亲,我考取了!"老子在房里大声呵斥说:"考取一个秀才,算得了什么,这样沉不住气,将来怎么成大器!"儿子一听,吓得不敢大叫,便轻轻地说:"父亲,你也上榜了!"只听"砰"的一声,房门打开,他父亲连衣裤都没穿上,一丝不挂地一冲而出,大声呵斥说:"你为什么不先说?"

看来,能够面对自身的"宠辱"还泰然处之确实需要一些定力。能做到顺其自然,是一种难得的境界。所谓"布衣可终身,宠辱岂足赖",人生的一切都是过眼云烟,既然如此,人生的宠辱也不过是一刹那,又有什么值得夸耀和留恋呢?

老人言

如果一个人能够做到宠辱不惊，那么，不管是在日常生活还是人际关系上，他都不会被世事搅乱，总有一份平和宽松的心态。所谓"君子坦荡荡，小人长戚戚"。一个没有杂念、低调单纯的人，他的心是一片静谧的森林，没有喧闹，没有浮躁，是一种雾霭袅袅的清晨中随着微风低吟的舒缓心境。但是，如果不能够做到这一点，他的心就像暴风雨中的一株小树苗一样，永远处在飘摇之中。

既然如此，何不在平和中找寻人生的美景，将一切都看作平常自然。

高山流水、四季变换不过是轻轻而来，又轻轻而去罢了。世态炎凉、人情冷暖，乐也何妨？怒也何妨？唯有视宠辱如花开花落般平常，才能波澜不惊。

19世纪中期，英国实业家菲尔德率领他的船员和工程师在大西洋底铺了一条海底电缆，首次将欧美两个大陆联结起来，因此被誉为"两个世界的统一者"，一夜之间，他成为最光荣、最受尊敬的英雄；但好景不长，因技术故障，刚接通的电缆信号中断，顷刻之间人们的赞辞颂语骤然变成愤怒的狂涛，曾经的英雄几乎在一眨眼之间，就变成了"骗子"。

面对如此悬殊的宠辱逆差，菲尔德泰然自若，一如既往地坚持自己的事业。

经过 6 年的努力，海底的电缆最终成功地架起了欧美大陆的信息桥梁。宠也自然，辱也自在，菲尔德之所以成为菲尔德，也正在于此。其实，宠辱不惊可以成为我们心灵上的一帖抚慰剂。当我们为爱情、金钱、名利苦苦挣扎时，不妨用平和的潇洒来灌溉焦躁的心田；当我们失意、悲伤时，不妨用宁静的单纯来抚平灼痛的伤口。

若心中无过多的欲念，又怎会患得患失？我们只要管好自己，得之不喜，失之不痛，不计较得失，不在意别人的眼光；只要做自己喜欢的事，按自己的路去走，外界的评说又算得了什么呢？

只有做到宠辱不惊，方能恬然自得。人人都希望拥有愉悦的生活，面对"宠辱"，只要我们做到"不惊"，就可以高枕无忧了。

君子记恩不记仇

俗话说："君子记恩不记仇。"

有一次，一位作家与两位朋友阿尔和马修一同出外旅行。

三人行经一处山崖时，马修失足滑落，眼看就要丧命，机灵的阿尔拼命拉住他的衣襟，将他救起。

为了永远记住这一恩德，马修在附近的大石头上，用力刻下这样一行字：某年某月某日，阿尔救了马修一命。

于是三人继续前进，几日后来到一处河边。可能因为长途旅行疲劳的缘故，阿尔与马修为了一件小事吵起来了，阿尔一气之下打了马修一耳光。

马修被打得眼前直冒金星，然而他没有还手，而是一口气跑到了沙滩上，在沙滩上写下一行字：某年某月某日，阿尔打了马修一记耳光。

这以后，旅行很快结束了。回到家乡，作家怀着好奇心问马修："你为什么要把阿尔救你的事刻在石头上，而把他打你耳光的事写在沙滩上？"

马修平静地回答："我将永远感激并记住阿尔救过我的命，至于他打我的事，我想让它随着沙滩上字迹的消失而忘记。"

其实，每个人都应该这样，对于别人的恩典，要牢牢记在心里；对于别人的伤害，要轻轻抹去。

宽容就是记着别人对自己的恩典，忘掉别人对自己的伤害。用爱和感激来代替仇恨，化解积怨。

古人云："人之有德于我也，不可忘也；人有愧于我也，不可不忘也。"简言之就是别人对我们的帮助，千万不可忘了，反之，别人倘若有愧对我们的地方，应该乐于忘记。

乐于忘记是一种心理平衡。有一句名言叫作："生气是用别人的过错来惩罚自己。"老是"念念不忘"别人的"坏处"，实际上最受伤害的就是自己的心灵，搞得自己痛苦不堪，何必？这种人，轻则自我折磨，重则就可能导致疯狂的报复了。

乐于忘记是灵活做人的一个特征，既往不咎的人，才可甩掉沉重的包袱，大踏步地前进。人要有点"不念旧恶"的精神，在许多情况下，人们误以为"恶"的，又未必就真的是什么"恶"。退一步说，即使是"恶"，对方心存歉疚，诚惶诚恐，你不念旧恶，以礼相待，说不定也能改"恶"从善。

唐朝的李靖，曾任隋炀帝的郡丞，最早发现李渊有图谋天下之意，亲自向隋炀帝检举揭发。李渊灭隋后要手刃李靖，李世民反对报复，再三求保全他性命。后来，李靖驰骋疆场，征战不疲，安邦定国，为唐朝立下赫赫战功。魏征曾鼓动太子建成杀掉李世民，李世民同样不计旧怨，量才重用，使魏征觉得"喜逢知己之主，竭其力用"，也为唐王朝立下了丰功。

宋代的王安石对苏东坡的态度，应当说，也是有那么一点"恶"行的。他当宰相那阵子，因为苏东坡与他政见不同，便借故将苏东坡降职减薪，贬官到了黄州，搞得他好不凄惨。然而，苏东坡胸怀大度，他根本不把这事放在心上，更不念旧恶。王安石从宰相位子上垮台后，两人关系反倒好了起来。他不断写信给隐居金陵的王安石，或共叙友情，互相勉励，或讨论学问，十分投机。

老人言

相传唐朝宰相陆贽，有职有权时，曾偏听偏信，认为太常博士李吉甫结伙营私，便把他贬到明州做长史。不久，陆贽被罢相，贬到明州附近的忠州当别驾。后任的宰相明知李、陆有点私怨，便玩弄权术，特意提拔李吉甫为忠州刺史，让他去当陆贽的顶头上司，意在借刀杀人。不想李吉甫不计旧怨，而且上任伊始，便特意与陆贽饮酒同欢，使那位现任宰相借刀杀人之阴谋成了泡影。对此，陆贽深受感动，便积极出点子，协助李吉甫把忠州治理得一天比一天好。李吉甫不图报复，宽待了别人，也帮助了自己。

看了这么多脍炙人口的故事，我们也能感受到，古时官场的险恶，可政敌之间也能常常不计前嫌"化干戈为玉帛"，这种交友用人的态度是值得学习的。以古为镜，可以立德修身。在今日的我们看来，要从中领悟到的是做人要有胸怀，跟人结交关系不能太记旧恶，谁没有过错呢？最难得的不就是将心比心吗？当我们有对不起别人的地方时，不也是很渴望得到对方的谅解吗？

只有宽容才能化解世间的仇恨，只有宽容才是慰藉心灵的良药。不仅如此，宽容还是一种智慧，宽容和气度，不是天生的，而是高度的智慧和高度的自我克制。古语说："宰相肚里可撑船。"因为只有胸襟开阔眼光锐利的人，才有运用智慧的能力。"能宽容别人的人，不只是给别人一次机会，同时也是给自己一次机会——收获快乐的机会。

心中充满怨怼的人，会感觉整个世界都是与他对立的，必定无法快乐，而如果以宽容面对时，这种对立感自然便会消失，取而代之的是友好与快乐，甚至还可能更多。

话不说满，事不做绝

话说得太满，既容易让自己失去回旋空间，陷入困境，又容易被人抓住把柄，陷于被动挨打的局面，所以不是万不得已或把握十足，说话一定要留有余地。

清朝乾隆年间，纪晓岚在任左都御史时，员外郎海升的妻子吴雅氏死于非命，海升的内弟贵宁状告海升将他姐姐殴打致死，海升却说吴雅氏是自缢而亡。案子越闹越大，皇上就派纪晓岚来审理此案。

纪晓岚接过这桩案子，也感到很头痛。因为牵扯到阿桂和和珅，他俩都是大学士兼军机大臣，并且两人有矛盾，长期明争暗斗。海升是阿桂的亲戚，原判又逢迎阿桂，纪晓岚敢推翻吗？

而贵宁之所以告不赢不肯罢休实际是得到了和珅的暗中支持，和珅的目的是想借机除掉位居他上头的军机首席大臣阿桂。

打开棺材，纪晓岚等人一同验看。看来看去，纪晓岚看死尸并无缢死的痕迹，心中明白，口中不说，他要先听听大家的意见。

众大臣看过后，都说脖子上有伤痕，显然是缢死的。纪晓岚有了主意，于是说道："我是短视眼，有无伤痕也看不太清，似有也似无，既然诸公看得清楚，那就这么定吧。"于是，纪晓岚与差来验尸的官员，一同签名具奏："共同检验伤痕，实系缢死。"这下更把贵宁激怒了。他这次连步军统领衙门、刑部、都察院一块儿告，说因为海升是阿桂的亲戚，这些官员有意回护，徇私舞弊，断案不公。乾隆看贵宁不服，也对案情产生了怀疑，又派人复验。这回问题出来了：吴雅氏尸身并无缢痕。乾隆心想这事与阿桂关系很大，便派阿桂、和珅会同刑部堂官及原验、复验堂官，一同检验。这回终于真相大白：吴雅氏被殴而死。

于是讯问海升，海升见再也隐瞒不住，只好供出实情：他将吴雅氏殴踢致死，然后制造自缢的假象。

乾隆一怒之下发出诏谕："此案原验、复验之堂官，竟因海升系阿桂姻亲，胆敢有意回护，此番而不严加惩戒，又将何以用人？何以行政？"阿桂革职留任，罚俸五年；叶成额、李阁、庆兴等人革职，发配伊犁效力赎罪，皇上在谕旨中一一判明。唯独对纪晓岚，谕旨中这样写道："朕派出之纪晓岚，本系无用腐儒，原不足具数，况且他于刑名等件素非谙悉，且目系短视，于检验时未能详悉阅看,即以刑部堂官随同附和,其咎尚情有可原,交部议严加论处。"只给了他革职留任的处分,不久又官复原职。纪晓岚在这个案件中之所以得到皇上的原谅,主要是他在验尸中以"我是短视眼"、"看不太清"为由,给自己留下了退路。

俗话说"祸从口出",把话说满也是一种为祸的诱因。话说得太满,一般会导致两种后果:一是听者不服,故意找茬使绊子;二是自己没有回转的余地,容易搬起石头砸自己的脚。无论哪种,都不是好结果。所以无法做明确决定时,注意使用"模糊语言",以便为自己赢得主动。对于某些难以回答而又不好回避的问题,不妨含糊其辞,给自己留有余地。总之无论办什么事,说什么话,若自己没有绝对把握,或是受夹于两强势力之中左右为难时,则要圆通行事,甚至能躲就躲,能拖就拖,以自己不担责任为好。

在发生矛盾后,双方肯定谁心里都不痛快,很容易失态,口出恶言,这痛快也只能是一时的,而受伤害的是双方长远的关系和自己的声誉。所以,即使有了再大的矛盾,我们也应该把握住一点,就是不把话说满,把事做绝,给对方,也给自己一个台阶下。

一位顾客在商场买了一件外衣之后,要求退货。衣服她已经穿过一次并且洗过，可她坚持说"绝对没穿过"，要求退货。

售货员检查了外衣，发现有明显干洗过的痕迹。但是，直截了当地向顾客说明这一点，顾客是绝不会轻易承认的，因为她已经说过"绝对没穿过"，而且精心地伪装过。于是，售货员说："我很想知道是否你们家的某位把这件衣服错送到干洗店去过，我记得不久前我也发生过一件同样的事情。我把一件刚买的衣服和其他衣服堆在一块，结果我丈夫没注意，把这件新衣服和一堆脏衣服一股脑地塞进了洗衣机。我觉得可能你也会遇到这样的事情，因为这件衣服的确看得出已经被洗过的痕迹。不信的话，可以跟其他衣服比一比。"

顾客看了看证据，知道无可辩驳，而售货员又为她的错误准备了借口，给了她一个台阶下。于是，她顺水推舟，收起衣服走了。

售货员如果直白地揭穿顾客的"伎俩"，再强硬地驳回对方的要求，就等于把事做绝了，换来的只会是一场尴尬和不欢而散。现实中，人们普遍存在着吃软不吃硬的心态。特别是性格刚烈的人，如果你来"硬"的，他也可能比你更硬；你如果来"软"的，对方倒会于心不忍，也就有利于事情的解决。

有的人不明白这个道理，他们一和别人发生矛盾时就取下策而用之，与人反目为仇，谩骂指责，把事做绝，以解心头之恨。这样做痛快倒也痛快，但他们没想到，在把别人骂得狗血喷头的同时，也就暴露了自己人格上的缺陷。人们会从这样的情景中看到，他对别人居然如此刻薄，如此不留情面，如此翻脸不认人。

在与人发生矛盾时，不把事情做绝，能体现一个人的宽容大度和高尚品格。在正常情况下，人们的度量大小是很难表现得出来的。而当与别人发生了矛盾，使你难以容忍的时候，能否容人，那就看得一清二楚了。这时只有那些思想品格高尚的人，才会保持理智，以宽容的姿态，不把事情做绝避免伤害对方。友好解决能使发生矛盾的彼此免受进一步的伤害，也可以说这是留给对方的真诚。

水至清则无鱼，人至察则无徒

有一个人自命清高，看不惯尘世，去找禅师诉苦，禅师告诉他："知道'水至清则无鱼'吗？美玉还暗藏瑕疵呢，有雅量、懂包容才是大器，君子亦如是。"

古人云："水至清则无鱼，人至察则无徒。"水太清了，鱼就无法生存；对别人要求太严了，自己就会没有伙伴。这正是古人眼中与人相处的"中道"。水清当然好，但太清的水，容不了任何微生物生存，也没有任何隐蔽，因此，鱼就无法存活。现实社会里，人能明察是非、分清善恶，当然好，但过分明察秋毫，对别人太过苛刻，就变成了对人求全责备的严苛挑剔，就不能容人了。

孔子曰："君子周而不比，小人比而不周。"周是指包罗万象，好比一个圆满的圆圈，各处都统一；比则是指经常将别人与自己作比较，容不得别人有与自己不同的地方。一个君子的为人处世，就应该平等的对待每一个人，全面看待，并以公正之心待人。如果都希望别人完全和自己一样，则容易流于偏私。比而不周，如果斤斤计较，只和自己友好的、符合自己要求的人做朋友，凡事都以"我"为中心、为标准，这是小人的作为，事物的差异性决定了每个人都不可能是完全一样的，朋友亦是如此。更何况，人无完人，或多或少都会犯些错误。因而，我们对朋友的要求不能太过严苛，对于小的过失、缺陷，应该予以包容、谅解，并尽量欣赏、鼓励朋友，包容原谅他们的无心或情有可原的小过失，这才是应有的处世待人之道。相比之下，因为一点瑕疵就与朋友划清界限，则称不上是明智之举。

汉末魏初的名士管宁、华歆是从小到大的好朋友，恰同学少年结伴读书。一次，两人一同在园中锄菜，地上有块金子，管宁视而不见，继续挥锄，视非己之财与瓦砾无异，华歆却将金子拾起察看，仔细想过之后又将金子丢弃了。此举被管宁视为见利而动心，非君子之举。

还有一次，两人同席读书，外面路上有官员华丽的轿舆车马经过，前呼后拥十分热闹，管宁依旧同往常一样安心读书，华歆却忍不住将书本丢到一边，跑出去看了一下热闹。此举被管宁视为心慕官绅，亦非君子之举。于是，管宁毅然将两人同坐的席子割开，与华歆分坐，断了交情，说："你不再是我的朋友。"

华歆真如管宁认为的那样不是君子、不值得一交吗？事实并非如此。据史书记载：

华歆自离开管宁后，便出仕为官，并且始终廉洁自奉。当初他受曹操征召将行，"宾客旧人送之者千余人，赠遗数百金"。华歆推辞不过，就暗暗在礼品上做上记号，事后一一送还。魏文帝时，华歆官拜相国，但他一直过着简朴的生活，得到的俸禄大多拿来接济穷苦的亲戚，以至于自己家一直很贫穷。

而且，两人绝交后，华歆并不因当初的难堪迁怒于管宁，而是多次向朝廷推荐管宁，鼓励管宁出仕，为社会出力，但管宁拒不接受。

从这一点上至少可以看出，华歆这个人是非常豁达、心胸宽广的。而管宁，虽然自比为君子，但显然，他只是一个不合格的、流于偏私的"君子"。

倘若我们像管宁一样不能容忍朋友的缺点，看到朋友有一点瑕疵，就否定他，那么估计也没有人愿意和我们成为要好的朋友了。幻想所有的人都和自己一样，或者幻想所有的人都那么完美，这只能是一厢情愿的想象。照此发展下去，我们就有可能因太过苛刻而流于偏私，从而失去真正值得结交的朋友。

交友如此，做人亦是如此。生活中，如果你以严苛、挑剔的眼光看待周围，那么你看到的将是一个不完美的世界，自己也很容易陷入其中。而如果我们善待周围的一切，以宽容、欣赏的眼光来看待这个世界，就会发现你生活的环境是多么的美好。

一位老禅师和一位老农坐在一个小城镇的道路旁下棋。一位陌生人骑马来到他们的身边，把马停下来，向他们问道："师父，请问这里是什么镇？住在这里的居民属于哪种类型？我正想决定是否搬到这里居住。"

老禅师抬头望了一下这位陌生人，反问道："你刚离开的那个小镇上住的人，是属于哪一类的人呢？"

陌生人回答说："住的都是些不三不四的人，素质十分低下，我住在那儿感到不愉快，因此打算搬到这儿来居住。"

老禅师说："施主，恐怕你搬到这里来住也会感到失望的，因为这个镇上的人与你离开的那个镇上的人完全一样。"

过了不久，又有另一位陌生人向老禅师打听同样的情况，老禅师又反问他同样的问题。这位陌生人回答说："啊，我以前居住的小镇上的人都十分友好，我的家人在那儿度过了一段美好的时光，但我正在寻找一个比我以前居住地方更有发展机会的城镇，因此我们搬出来了，尽管我们还很留恋以前的城镇。"

老禅师说道："年轻人，你很幸运，在这里居住的人都是跟你差不多的人，相信你会喜欢他们，他们也会喜欢你的。"

一旁的老农不明白，为什么同样的问题，老禅师给出了不同的答案，甚至是两个截然相反的答案。

老禅师告诉他："念由心生，如果你以欢喜之心待人，自然看万事万物都欢喜，如果你以悲苦之心待人，自然看万事万物都悲苦。"

正如故事中老禅师所说的，如果以欢喜、欣赏的眼光看待这个世界，我们看待的将是美好的风景；而如果以悲苦、挑剔的眼光来对待，我们看到的也将是不尽如人意的景象。

虽然每个人心目中所认为应该的，或我们对每个人所认为应该的，各有不同，但包含"应该"之念是一致的。换言之，我们大多数人常以理想的眼光来看待别人，来要求这个世界的变化。然而，我们却也由此对别人、对世界产生了失望之情。所以，对待世间的人和事，我们应抱有客观公正的态度，既能看到他人的优点，也能包容和理解他人的不足。

老人言

"水至清则无鱼,人至察则无徒。"不妨心存厚道,多以宽容之心待人,君子和而不同,这样我们在交友与交际上也能变得更加游刃有余。

说话留点余地

人们常说"满饭不能吃,满话不能说",饭吃太饱容易伤身伤胃,话说太饱,则容易伤人伤己。说话留点余地,给别人一个出路,为自己种一片花田。

一个人做错事情是在所难免的,由此而挨批评也是理所当然的。但任何一个谈话高手都知道,批评的话最好不超过三四句。会做工作的人,在对别人进行批评教育时,总是三言两语见好就收,不忘给对方一定的余地。有的人不懂这个道理,他们总是不肯善罢甘休,非把对方批得体无完肤不可,结果是过犹不及,往往把事情推到了反面。

某工厂一位李姓工人私自把仓库里的钢筋拿了一根回家,安在窗户上。这事让厂领导知道了。领导抓住这一点,把李某狠狠地批评了一通。当然,李某也认识到自己的确错了,很诚恳地向厂领导认错。这件事本该到此为止,但厂领导并没有善罢甘休,非让李某写下书面保证并公开在厂中认错不可。书面保证可以写，但公开认错就有点勉为其难了。这类事本来就不光彩，如果让厂里同事都知道了，李某觉得很难堪，思来想去，仍找不到下台的办法，于是便递交了辞呈。

一般来说，批评应该适可而止，特别是对方已经明确认错，而事情又没有大到不可收拾，便没有必要把对方置于死地，让对方无颜面示人，因为我们批评的目的是为了治病救人，是为了帮助别人。

批评别要留有余地，自己说话承诺就更要留有余地。对于你没有十足把握的事情，不要把话说得太满，给自己留些余地和退路。逢人且说三分话，说话不说太满，把握不好会吃大亏的。说话最好留点余地，才不至于给自己带来麻烦。

有时在工作中很多人在对领导许下诺言时，是抱着一定要完成的决心的，但是总会有一些不确定的因素干扰着我们，导致我们的工作不能如期完成。当然这并不是为不能遵守承诺找借口，而是要告诫我们自己——不要把话说得太死，凡事要给自己留有余地。否则一旦出现什么差错，不但领导不满，自己也会觉得很难堪。

王军是一家报社的记者，这一天主编安排他去采访一个作家，这个作家是出了名的不接受采访，但是王军并不知道这件事，所以当领导问他能不能做到时，王军自信满满地说："没问

老人言

题，三天搞定。"主编感到很高兴，以为王军有什么秘诀。

王军在接受任务之后才知道这个作家是不接受采访的，但是既然已经接受就一定要去做，就这样4天过去了，他的采访完全没有进展，主编找到他时，他只好和主编说："对不起，这次采访比较困难，我没有采访到那位作家。"

听了王军的话，主编生气地说："办不了你当初就直说，这不是耽误事吗？"

从这以后主编再也不敢把重要的采访任务交给王军了。

在这里，王军又犯了话说得太满的禁忌。在与领导说话时，我们要吸取王军的教训，做到说话留有余地。具体来说，可以从这几个方面去加强：

领导布置的任务，千万不要在不了解的情况下轻易承诺，因为一旦你在事后在发现自己无法胜任时，会让领导对你的评价大打折扣，认定你是一个不负责任，不可靠的人。

即使是自己熟悉的工作也不要轻易地说保证没问题，而是应该用更谨慎的方式来表达自己的决心，告诉领导你会尽你最大的努力完成这项工作，或者说在没有意外的情况下一定准时完成，这样的说法会让领导明白，工作中是充满了变数的，所以工作被某些变数所干扰而导致工作不能如期完成的情况是存在着的。这样即使工作没有如期完成，领导也会正确的评估你的努力，进而肯定你的成绩。如果工作如期完成了，领导一定会喜出望外，他对你的评价也会随之增高。

如果领导布置给我们的工作，我们没有把握什么时候能够完成，因为制约它的因素很多，这时为了给自己留有余地，说话时一定要给工作加上限制，像是在"××前提之下"一样，这样一旦出现意外，我们能够解释工作拖延的原因。既给自己留有余地，又让领导觉得你是一个认真负责的人。另外，在与领导交谈时，要尽量选择温和的语言，不要用尖酸刻的话与其沟通。凡事多想多考虑，不把话说死，才能为自己留有回旋的余地。

领导作为一个特殊的职位，高高在上，我们说话要倍加小心，但是，对其他同事甚至下属，我们也同样不能掉以轻心，不可把话说满。

在工作中，一旦我们选择了不留余地的说话方式，相当于走上一条不能后退的路，这样的说话方式不但吃力不讨好，还容易得罪他人，使我们日后的工作很难进行。

人生不是游戏，不能重新启动，所以失败是不能重来的，而且社会是复杂多变的，并不是只有黑白两种颜色，这就需要我们在说话时谨慎对待。给他人留有余地，给自己留有余地，才是真正的处世之道。

第三章

待人接物：敬人者人恒敬之，爱人者人恒爱之

——有礼才会有理，圆融但不圆滑

苍蝇不叮无缝的蛋

唐朝的杨慎矜沉毅有才干，深得唐玄宗赏识，被封为户部侍郎兼御史中丞。但右相李林甫、御史中丞王珙等人却深嫉杨慎矜受宠，怕他会威胁到自己的地位，一直虎视眈眈地图谋除掉这个政敌。一个权力欲极强的人，是面对因才干不足而地位不保还是采用极端手段固守权位的困境选择时，李林甫选择后者。

李林甫不是科举出身，文化素养与学识均十分低劣。李林甫的表弟、太常太卿姜度添了个儿子，李林甫兴发，手书贺词："闻有弄獐之喜"，将"弄璋"写成了"弄獐"。贺喜的客人见了，一个个都掩鼻而窃笑。李林甫的学识浅薄，使他对文士产生一种

本能的敌视。

杨慎矜生性豪爽，喜爱结交朋友。他还非常迷信，相信逢凶化吉之说。他家祖坟的守墓人告诉他，墓园里的草木似乎在流血。杨慎矜听后非常不安，认为这是不吉的征兆。此时一位叫史敬忠的术士对他说，祈禳可以免祸。

因此，他就在自家的后园大办法事。罢朝归家，杨慎矜就坐在丛棘之上，驱祸求福。就这样做了几十天的法事，据说坟里的树木也不流血了。

为了感谢史敬忠，杨慎矜将家里的一个婢女明珠送给了他。后来，明珠又被史敬忠献给了杨贵妃的妹妹八姨。有一次，八姨带着明珠进宫，被唐玄宗看见。玄宗对明珠的美丽非常惊讶，问八姨从何处得来。八姨说原是杨慎矜家的婢女，近日送给了史敬忠。玄宗又问："史敬忠是何等样子的人，值得杨慎矜送这么漂亮的美人给他？"于是明珠就把杨慎矜听史敬忠的话在家里祈禳避祸的事详说了一遍。玄宗对这种荒诞行为十分不满。

后来，玄宗又把这事告诉了李林甫。李林甫正担心杨慎矜有可能升任宰相，便与王珙密议借机除掉杨慎矜。他们唆使人告发杨慎矜自以为是隋炀帝的子孙，私蓄图谶，秘行邪法，潜谋大逆，妄图恢复隋朝。

老人言

听说杨慎矜意图恢复隋朝，玄宗更为震怒，下令马上逮捕杨慎矜，并命刑部尚书肖隐之等人共同审理此案。又命京兆府士曹、著名酷吏吉温前往东都洛阳收捕杨慎矜之兄少府少监杨慎余，以及其弟洛阳令杨慎名，还叫吉温到汝州捕捉史敬忠。

史敬忠与吉温的父亲本是至交，吉温幼小时，史敬忠常常抱着他玩。吉温抓获史敬忠后，将他押往长安。快走到骊山温泉时，他命人对史敬忠说："杨慎矜已经招认，识相一些，将谋反实情供出，你就能活；不招出谋反之事，你将死无葬身之地。如今说还来得及，到了骊山温泉在皇帝面前，你再哀求招认可就来不及了。"

史敬忠在吉温的逼迫下，只得坐在路边的桑树下写了招状，内容正合吉温之意。此时，吉温才高兴地以子侄之礼拜见眼前这位披枷戴锁的长辈，嬉皮笑脸地说："丈人莫要见怪！"为了得到"图谶"，李林甫又派殿中侍御史卢铉、御史崔器几次抄检杨慎矜的家，但都没有搜到。最后，卢铉只得制造一个谶书，藏在袖中，再领人到杨家搜索。他们翻箱倒柜，终于在一个极秘密处"查获"了那张要命的谶书。卢铉还用极其残酷的刑罚拷问传说与杨慎矜共解图谶的太府少卿张瑄，但张瑄挺住了，什么也没有说。

由于李林甫、王珙、卢铉、吉温等人的罗织、刑讯,被捕诸人不得不诬服。定案以后,玄宗下诏杨氏三兄弟自尽,家中男女流放岭南,史敬忠重杖一百,流放远郡。

身怀其玉,本身是一件幸事。有时候,聪明反被聪明误,这就变成了不幸。杨慎矜的死就说明了这一点。古人曾主张要韬光养晦,藏锋露拙,因为这样才能消灾灭祸以保全身。即使现在身处顺境也要学会谨慎,因为谁也无法预知以后会发生什么事。也许正当你春光得意之时,已经有人在暗中放暗箭了。只有将自己放在一个很不显眼的地位,别人不会注意你,也就说不上嫉恨和谋害了。

主雅客来勤

古人说:"人和天地阔,主雅客来勤",说的就是做人和待客之道。"人和天地阔"表示主人家与人相处之道,意思就是为人和善,注重和谐,能与客人和平相处,宽容待人,正所谓家和万事兴就是这个道理。而"主雅客来勤"讲的就是主人气节高雅、品德高尚、文雅大方,对待客人热情周到,那么不用自己到处宣扬,自然就可以吸引各方宾客前来。

这里所说的雅,指一个人有品位,有学问或者素质高,别人与之交往往往能够感到心情愉悦，或者在谈话交往的过程中能学到一些知识或者在其他方面有所收获。对于这种人，人们也常用"与君一席话，胜读十年书"来表达对他们的赞美与喜爱。

战国时期，齐国的相国孟尝君就是一个雅士，广交天下贤士，共同商讨强国富民的政策。因其名声而前去投奔他门下的门客最多的时候有三千多人。在那个战乱纷纷的时期，正是在这些门客的出谋划策之下，孟尝君在齐国当了几十年相国，没有受到丝毫的祸患。

孔子说："有朋自远方来，不亦乐乎？"说的是有志同道合的朋友自远方而来，不是很高兴的事情吗？每当有客人前来拜访的时候，作为主人应该以诚相待，热情地接待客人，这样客人一定会心情愉悦，也愿意再来拜访。而尊重是待客时最起码的礼貌，如果没有了尊重，也不会有勤来的客人。

以前美国有一对老夫妇，穿着简单朴素的衣服去见哈佛大学的校长。因为没有事先约好而且夫妇二人穿着又比较朴素，校长秘书就武断地认为这二人不会与哈佛有什么业务上的往来，于是很不高兴地说："我们的校长是非常忙的。"女士说："没关系，我们可以等。"过了几个小时，实在没办法，校长只好很不情愿地出来见了夫妇二人。这对老夫妇告诉校长："我们的一个儿子曾经在贵校读过一年书,他非常喜欢这所学校,他在这个学校的生活非常开心。但是不幸的是他去年因为在意大利游玩时不幸染病离开了我们,所以我们想在学校为他留一个纪念物,以纪念我们的儿子。"

哈佛大学的校长非但没有被这对老夫妇的举动和他们儿子的不幸而感动,反而是非常不屑地说道:"我们可是世界名校,每年有无数的优秀学生在这里学习。我们不可能为每个学生都建立一个纪念碑的,否则我们这里不就成了墓地了吗?"这对老夫妇说:"我们不是那个意思,我们只是想为学校捐一个教学楼,而以我们儿子的名字为这个教学楼命名。"

校长看了一眼穿着朴素的老夫妇,觉得这对老人是在开玩笑,然后轻蔑地说:"你们这对没见过世面的人,还想捐个教学楼,知道在我们学校建一座教学楼要花多少钱吗?我们学校的建筑物价值现在可是超过了750万美元。"于是老夫妇二人默默地离开了哈佛大学。校长当时还很高兴,以为自己总算打发走了这对讨厌的夫妇。

但是这对老夫妇默默离开之后,用自己的钱在美国加州投资建立了一所私立学校,并用自己儿子的名字为他们的学校命名,这就是后来的斯坦福大学。现在斯坦福大学已经是世界著名的大学之一,每年为美国加州带来无数的财富,也为世界培养了无数的人才。

仅仅是一次对别人的不尊重,不仅使哈佛失去了一次大大提升自己实力的机会,还因为这次的不尊重从此多了一个实力强劲的竞争对手。这就是不尊重别人付出的代价。

随着科技的进步,社会分工日益细化,做任何事情都需要有别人的配合和帮助,这时就更看出朋友的重要性。如何才能广交四方好友呢?"主雅"是关键,那么关键中的关键又是什么呢?那就是要学会尊重,否则勤上门的朋友也会因为不被尊重而离你远去。

将欲取之必先予之

永远不要吝惜对别人的帮助,在帮助别人的同时,你也正是在帮助你自己,你将从中不断收获幸福和快乐。

有一位哲人这样说过,帮助自己的唯一方法,就是去帮助别人。

有一个盲人,在夜晚走路时手里总是提着一个明亮的灯笼。

别人见了觉得非常奇怪,问他:"你自己根本看不见,为什么还要打着灯笼走路呢?"

盲人回答道:"这个道理很简单,这个灯笼当然不是为了给我自己照路，而是为别人提供光明，帮助别人看清道路。也只有这样，别人才能看见我，不会撞到我身上，我的安全才有保证。"

当盲人无私地为他人着想、方便他人时，恰恰帮助了自己，给自己带来了方便。如果每一个人都能够像盲人这样学会帮助别人、关心别人，我们这个世界一定会变得更加美好。

帮助别人就是帮助自己，有时，仅仅只是举手之劳，却解决了人家的大麻烦、大问题，我们又何乐而不为呢？即使帮助别人需要耗费自己大量的精力、体力，耽误自己的时间，也是值得的，付出一定会有回报，你为他人所做的一切将为你赢得尊重、感激、信任等弥足珍贵的感情。

人与人之间的交往实质是一种平等互惠的关系，也就是说，你对别人怎么样，别人就会怎样对你。你帮助我，我就会帮助你，正所谓"投之以桃，报之以李"，一个人只有大方而热情的帮助和关怀他人，他人才会给你帮助。所以你要想得到别人的帮助，你自己首先必须帮助别人。

当然，帮助别人还能给自己带来精神上的欢愉和满足，能够有余力让他人从困境中解脱出来，这本身就是一件值得自豪的事。我们应该时时伸出热情的手，时时帮助和关怀别人，因为我们的帮助，不仅能助人一臂之力，而且能给对方带来力量和信心，使他们有更大的勇气去战胜困难。

特别是当一个人遇到挫折、处于逆境之中时，如果我们能热情相助，那将犹如雪中送炭，别人也定会有"滴水之恩，当涌泉相报"的感激。"危难中见真情"，很多人在受到别人真诚的帮助后，总能以更真诚的感激报答别人。

在这个世界上，个人的力量总是单薄的，一个人无力去解决生活中的所有问题，没有谁能够离开别人的帮助而孤立地活着。为人处世，不能仅从"一己"考虑，只有多为别人着想，人们才会给你以友善的回报。

事实上，我们总想从别人那里获取更多的东西，自己却吝啬哪怕一点点的付出。其实，你只要主动去关照、帮助一下别人，你眼前的世界也许就会因此而改变。

在帮助了他人之后，你就会发现，最快乐的是你自己，并且，你从中还会增强自己处理问题的能力；在帮助别人的同时，你会收获一种十分难得的强者的感觉，正是这种感觉激励着我们奋发图强、走向成功。

以德立身，以德服人

做人必须从"德"字开始，树立有德之人的品牌，这样才能成大事。

罗曼·罗兰说:"没有伟大的品格,就没有伟大的人,甚至也没有伟大的艺术家,伟大的行动者。"成功靠的是什么?勤奋、学识、智慧、机遇、天才,等等,每个人都可以列出自己成功的理由。在迈向成功的征途中,上述因素或多或少,会为你指出前进的方向。但正如罗曼·罗兰所说,伟大的品格不可或缺。一个人成就大事,置于首位的是他的品格和操守。

我们看一个在美国职场广泛流传的例子:

美国加州的数码影像开发有限公司需要招聘一名技术工程师,有一个叫丹佛尔的年轻人通过笔试,进入了最后一关面试,他在一间空旷的会议室里忐忑不安地等待着。过了一会儿,有一个相貌平平、衣着朴素的老者进来了。丹佛尔礼貌地站了起来。那位老者盯着丹佛尔,直直地看了将近5分钟。正在丹佛尔不知所措的时候,这位老人一把抓住丹佛尔的手,激动地说:"真没想到能在这里看见你,可让我找到你了!上次要不是你,我可能就再也见不到我女儿了!"

"对不起,我不明白您的意思。"丹佛尔一脸糊涂地回道。

"上次,在森林公园里游玩时,就是你,就是你把我失足落水的女儿从河里救上来的!"老人肯定地说。丹佛尔明白了事情的原委,原来他把丹佛尔错当成他女儿的救命恩人了。

"先生,您肯定认错人了!不是我救了您女儿!"

"是你，就是你，不会错的！"老人又一次肯定地回答。

丹佛尔面对这个感激不已的老人，只能努力解释："先生，真的不是我！您说的那个公园我至今还没去过呢！"

听了这句话，老人松开了手，失望地望着丹佛尔："难道我认错人了？"

丹佛尔安慰老人："先生，别着急，慢慢找，一定可以找到救您女儿的恩人的！"

后来，丹佛尔接到了录用通知书。有一天，他又遇见了那个老人。丹佛尔关切地与他打招呼，并询问他："您女儿的恩人找到了吗？"

"没有，我一直没有找到他！"老人默默地走开了。丹佛尔心里很沉重，对旁边的一位同事说起了那天面试的事。不料那个同事哈哈大笑："他可怜吗？他是我们公司的总裁，他女儿落水的故事讲了好多遍了，事实上他根本没有女儿！"

"噢？"丹佛尔大惑不解，那位同事接着说："我们总裁就是通过这件事来选人才的。他说过有德之才方是可塑之才！"

丹佛尔被录用后，兢兢业业，不久就脱颖而出，成为公司技术开发部经理，一年间为公司赢得了2000万美元的利润。当总裁退休的时候，丹佛尔继承了总裁位置。后来，他谈到自己的成功经验时说："一个有德之人，绝对会赢得别人的信任！"

美国哈佛大学行为学家皮鲁克斯在《做人之本》一书中指出:"做人不是一个定下几条要求的问题,而是要从自己的根本开始,把自己变成一个以德为本的人,否则你就绝不会赢得别人的信任,更谈不上成功人生,反而会让人生早晚塌方的。"

其实品德对每一个人来讲都极为重要,尤其是身居高位、垂范下属的管理者。品德由种种原则和价值观组成,它给你的生命赋予了方向、意义和内涵。品德构成你的良知,使你明白事理,而非只根据法律或行为守则去判断是非。正直、诚实、勇敢、公正、慷慨等品德,在我们面临重要抉择之时便成了首要因素。

许多人认为,成功靠天资、能力、人缘。历史却教导我们:从长远来看,"真正的自我"比"人家眼中的我"更为重要。古今中外所有关于成功和自我奋斗的故事,都着眼于当事人的德行。人生须以德为本,才能有真正的成就和满足。

我们的祖先在几千年前就讲过"修身、齐家、治国、平天下"的古训,为什么把修身放在第一位呢?那就是不论你是找人办事,还是做任何事,修身是前提,没有修身的基础,一切都无异于空中楼阁。而修身则更倾向于道德问题。

修身不拘年龄,随时可以开始,要诀是自知自省,推己及人。就推己及人的观点而言,须先取得小我的胜利,然后才会有大我的胜利。如果你习惯从生活小事修养自己的品德,将来就更有能力塑造应付大事的毅力。

武器可以杀死人,却不能征服人心。真正能征服人心的,不是武器,而是品德。

有位青年脾气很暴躁,经常和别人打架,大家都不喜欢他。

有一天,这位青年无意中游荡到了大德寺,碰巧听到一位禅师在说法。他听完后发誓痛改前非,于是,对禅师说:"师父,我以后再也不跟人家打架、斗口角了,免得人见人烦,就算是别人朝我脸上吐口水,我也只是忍耐地擦去,默默地承受!"

禅师听了青年的话,笑着说:"哎,何必呢?就让口水自己干了吧,何必擦掉呢?"

青年听后,有些惊讶,于是问禅师:"那怎么可能呢?为什么要这样忍受呢?"

禅师说:"这没有什么能不能忍受的,你就把它当作蚊虫之类的停在脸上,不值得与它打架或者骂它。虽然被吐了口水,但并不是什么侮辱,就微笑着接受吧!"

青年又问:"如果对方不是吐口水,而是用拳头打过来,那可怎么办呢?"

禅师回答:"这不一样吗?不要太在意!这只不过一拳而已。"

青年听了,认为禅师实在是岂有此理,终于忍耐不住了,举起拳头，向禅师的头上打去，并问："和尚，现在怎么办呢？"

禅师非常关切地说："我的头硬得像石头，并没有什么感觉，但是你的手大概打疼了吧？"青年愣在那里，已是无话可说。

禅师告诉青年的是"德"，"德"不是空口的说教，而是实际的行动。正是如此，才有了震撼人心的力量。

才能不足恃，唯有道德的力量战无不胜。对任何领域而言，道德是获胜的首要因素，光有能力无法形成力量，将高尚的道德品质运用到实际行动中才能显出成效。

无论是职场打拼，还是为人处事，人们必须记住一点：无论任何人，如果你想得到别人的信任、尊重乃至服从，你就要修炼自己的人品，使之如润物无声的春雨、出淤泥不染的夏荷、凌寒独放的冬梅……

重视别人的名字

名字对一个人来说，是最重要的东西之一。一个人从出生到去世，名字就一直和他缠在一起。人们不能没有名字，因为这是一个人区别于其他人的重要标志。叫响一个人的名字，这对于他来说，是任何语言中最动听的声音。

安德鲁·卡内基被称为钢铁大王，但他自己对钢铁的制造懂得很少。他手下有好几百个人，都比他了解钢铁。

但是他知道怎样为人处世，这就是他发大财的原因。卡内基小时候，就表现出组织才华。当他10岁的时候，他就已经发现人们把自己的姓名看得很重要。而卡内基更懂得利用这项发现，去赢得别人的合作。例如，一次，卡内基孩提时代在苏格兰的时抓到一只兔子，那是一只母兔。他又很快发现多了一窝小兔子，但没有东西喂它们。可是他有一个很妙的想法。他对附近的孩子们说，如果他们找到足够的苜蓿和蒲公英，喂饱那些兔子，他就以他们的名字来给那些兔子命名，这个方法太灵验了，孩子们十分珍惜以自己名字为兔子命名的机会，他们不但为兔子找到了足够的吃的，并且在很长一段时间内珍爱那些兔子，他们与卡内基的关系也因此增进了很多，这件事卡内基一直忘不了。

好几年之后，他在商业界利用类似的方法，赚了好几百万元。例如，当卡内基和乔治·普尔门为卧车生意而互相竞争的时候，这位钢铁大王又想起了那个关于兔子的经验。卡内基控制的中央交通公司正在跟普尔门所控制的那家公司争生意。双方都拼命想得到联合太平洋铁路公司的生意，你争我夺，大杀其价，以致毫无利润可言。卡内基和普尔门都到纽约去参加联合太平洋的董事会。有一天晚上，他们在圣尼可斯饭店碰头了，卡内基说："晚安，普尔门先生，我们岂不是在出自己的洋相吗？"

"你这话怎么讲？"普尔门问道。

于是卡内基把他心中的话说出来——把他们两家公司合并起来。他把合作而不互相竞争的好处说得天花乱坠。普尔门倾听着，但是他并没有完全接受。最后他问："这个新公司要叫什么呢？"卡内基立即说："普尔门皇家卧车公司。"

普尔门的眼睛一亮。"到我房间来，"他说，"我们来讨论一番。"这次的讨论改写了美国工业史。

安德鲁·卡内基还以能够叫出许多员工的名字为傲。他很得意地说，当他亲任主管的时候，他的钢铁厂未曾发生过罢工事件。

一般人对自己的名字比对地球上所有的名字之和还要感兴趣。记住别人的名字，而且很轻易就叫出来，等于给予别人一个巧妙而有效的赞美。若是把别人的名字忘掉，或写错了，你就会处于一种非常不利的地位。比如说，一个美国人有一次在巴黎开了一门公开演讲的课程，发出复印的信件给所有住在该地的美国人。那些法国打字员显然不太熟悉英文，自然在打名字的时候，就打错了。有一个人，巴黎一家大的美国银行的经理，写了一封不客气的信给他，因为经理的名字被拼错了。

我们应该注意一个名字里所能包含的奇迹，并且要了解名字是完全属于与我们交往的这个人，没有人能够取代。名字能使他在许多人中显得独立。

有时候要记住一个人的名字很难，尤其当它不太好念时。一般人都不愿意去记它，心想：算了！就叫他的小名好了，而且容易记。锡得·李维拜访了一个名字非常难念的顾客。他叫尼古得玛斯·帕帕都拉斯。别人都只叫他"尼克"。李维说："在我拜访他之前，我特别用心地念了几遍他的名字。当我用全名称呼他——尼古得玛斯·帕帕都拉斯先生时，他呆住了。在几分钟内，他都没有答话。最后，眼泪滚下他的双颊，他说：'李维先生，我在这个国家15年了，从没有一个人会试着用我真正的名字来称呼我。'"

刻意记住别人的名字，并且多去喊他的名字，因为，这样做可以让别人感受到你在关心他，重视他。这只是一个细节，一个生活中的细节。其实生活就是由细节堆砌起来的，认真地对待生活中的每一个细节，做好每一个细节，只有这样，我们才善待了生活。

由于认识到了记住他人的名字的重要性，在生活和社会交往中，我们就要有意识地去记住对方的名字。怎么正确地记住别人的名字呢？如果没有听清其名字，那么恰当的说法是："您能再重复一遍吗？"如果还不能肯定，那么正确的说法是："抱歉，您可以告诉我怎么写吗？"你是不是有过这样的情况，新介绍给你认识的人在10分钟之内就忘记其名字了？除非多重复几遍，否则，一般人都会忘记。

谈话中记住别人名字的办法是用多种谈话方式使用他人的名字。比如，莫斯格拉夫先生，您是不是在费城出生的？如果一个人的名字较难发音，最好不要回避，但很多人都采取回避的方式。如果碰上一个较难发音的名字，可以问："您的名字我念得对吗？"人们是很愿意帮助你把他们的名字念对的。

是什么把我们需要记住的事物留在头脑中的呢？毫无疑问，联想是最重要的因素。

我们常常会因自己依然记得儿时发生的事而感到惊奇。卡耐基开车到新泽西大西洋城的一个加油站加油，加油站的主人认出了他，虽然他们是在40年前见过面的。这太让卡耐基吃惊了，因为以前他从未注意过这位先生。

"我叫查尔斯·劳森，咱们曾经是同学。"他急切地说道。

卡耐基并不太熟悉他的名字，还在想他可能是搞错了。可是他叫出了卡耐基的名字，还提到了那所学校。他见卡耐基还是有些疑惑，就接着说："你还记得比尔·格林吗？还记得哈里·施密德吗？"

"哈里！当然记得，他是我最好的朋友之一。"卡耐基回答道。

"你忘了那天由于天花流行，贝尔尼小学停课，我们一群孩子去法尔蒙德公园打棒球，咱们俩一个队？"

"劳森！"卡耐基叫着跳出汽车，使劲和他握手。之所以发生这一幕恰恰是因为联想在起作用，有点像是魔术。

如果一个名字实在太难记了，不妨问问其来历。许多人的名字背后都有一个浪漫的故事，很多人谈起自己的名字比谈论天气更有兴趣。而能准确叫出别人的名字，不只表示了你对别人的尊重，更能让你在对方的心里留下深刻的印象，这对你以后的工作非常重要。

准确叫出别人的名字是对他人的一种隐性赞美。

美国民主党前全国委员会主席、邮务总长吉姆是一位传奇人物。

吉姆小时候家里很穷，10岁就辍学去一家砖厂做工，他把沙土倒入模子里，压成砖瓦，再拿到太阳下晒干。吉姆没有机会受更多的教育，可是他有爱尔兰人乐观的性格，人们自然喜欢他，愿意跟他亲近。在成长过程中，吉姆逐渐养成了一种善于记忆人们名字的特殊才能，这对他后来从政起到了重要的作用。

罗斯福竞选总统前的几个月中，吉姆一天要写数百封信，分发给美国西部、西北部各州的熟人、朋友。然后，他乘上火车，在 19 天的旅途中，走遍美国 20 个州，行程 12000 里。他除了乘坐火车外，还是用其他交通工具，像轻便马车、汽车、轮船等。吉姆每到一个城镇，都去找熟人进行一次极诚恳的谈话，接着再开始下一段的行程。当他回到东部时，立即给在各城镇的朋友每人写一封信，请他们把曾经和他们谈过话的客人名单寄来给他。名单上那些不计其数的人，都得到了吉姆亲密而有礼貌的复函。

吉姆发现，一般人对自己的姓名都很敏感。把一个人的姓名记住，并很自然地叫出口，便是对他含有微妙的恭维、赞赏的意味。若反过来讲，把那人的姓名忘记，或是叫错了，不但使对方难堪，而且对自己也是一种很大的损害。

记住别人的名字，本是一件简单的事，可很多人却很少把它真的放在心上。见过一面的朋友，假若再见时，你能一下就喊出他的名字，他会是何等惊喜与激动啊！记住别人的名字，不但是对对方的一种尊重，也是树立自己良好形象的一个有效方法。从现在起，记住与你交往的人的姓名，大方得体地叫出来，你会发现发生在你身上的变化与惊喜。

第四章

自我修炼：一等二靠三落空，一想二干三成功

——人必自重，才能让他人尊重

不怕千着巧，只怕一着错

下棋时我们总喜欢说"一招不慎，满盘皆输"。就是告诉人们"纵然千着巧，只怕一着错"，那一着通常不是出在明显处，而往往就隐藏在细节中，忽视细节，一时疏忽，很可能让能人也无力回天。细节决定成败，需要重视的细节一定要做好。

可是很多人往往就在所谓的忙碌中"抓大放小"，忽视了很多看似不太起眼的细节，结果"千里之堤，毁于蚁穴"。

细节不是小事，一些无关紧要的小事当然无须花费时间去重视，但有些需要重视的细节就一定不能忽视。在工作中，对细节的粗心往往容易把前期的所有工作变成白忙活，甚至给自己的职

业生涯带来不可估量的影响。

徐子轩大学毕业后到了广东一家报社做广告业务工作，由于业绩突出，报社准备提拔他为副社长。

当时有一家企业在开发区投资，并计划在当地媒体上投放价值总计150万元的广告。徐子轩通过多方努力，终于揽到了这笔业务。开发区举行奠基仪式的那天，他带上了报社里最优秀的记者，并让广告部全体出动，计划用大幅版面进行宣传。

奠基仪式结束后，他高兴地和朋友们去唱卡拉OK，一直玩到了凌晨一点多钟才回家。但在这个时间段内，一个最不应该出现的错误却在悄悄地酝酿中。

徐子轩自以为派出的是报社最优秀的记者，因此非常放心。记者的稿子确实写得非常好，但是由于当时电脑还不普及，记者手写的稿件字迹潦草，"基"和"墓"看起来非常相似。

因为当时还是铅字排版，稿子到了排版人员那里，"基"字被排成了"墓"字。

稿子到了副总编那里，刚好赶上副总编家里有急事，他只匆匆看了一眼就签发了。

于是，到了第二天早上，原本应该是"某某开发区昨日奠基"的头版头条新闻，却变成了"某某开发区昨日奠墓"。

在特别重视"彩头"喜欢吉利的广东企业眼里，这无疑是犯了企业的大忌,更何况这还是在开发区项目正式启动的第一天。

报纸出来后,客户愤怒地取消了150万元的广告订单,报社的声誉也受到了很大的影响,一些潜在客户也由此取消了自己的投放计划。

徐子轩当副社长的梦就此破灭了。他非常后悔,"既然我知道这件事非同小可,为什么要在关键的时候去唱卡拉OK,而不是留在报社自己将稿子校对一遍呢?"

我们常说"一字值千金",此处可是一个字就值150万元!而且还断送了徐子轩的美好升迁之路,让他之前的所有忙碌和准备全部泡了汤。

很多时候,我们往往就是因为某些细节没有把好关,而使所有的忙碌前功尽弃。"不怕千着巧,只怕一着错",该重视的细节一定要把它做好,克服马马虎虎麻痹大意的坏毛病,做到完美无缺才能忙在点子上。

忍得一时忿,终身无恼闷

俗话说"百忍成金",烦琐的现实生活无处不在考验着我们,有时候一个不小心流露出的不耐烦,就有可能让我们做出

交际篇

一个错误的决定,甚至有时还会因此悔之不及。"忍得一时忿,终身无恼闷。"只有那些够清醒保持坚忍的人,才能笑到最后,笑得最好。

汉初,张良原本是一个落魄贵族,后来作为汉高祖刘邦的重要谋士,运筹帷幄之中,辅佐高祖平定天下,因功被封为留侯,与萧何、韩信一起被称为"汉初三杰"。

张良年少时因谋刺秦始皇未遂,被迫流落到下邳。一日,他到沂水桥上散步,遇一穿着短袍的老翁,老翁故意把鞋摔到桥下,然后傲慢地差使张良说:"小子,下去给我捡鞋!"面对老人的侮辱,张良愕然,不禁心中有些不平,但碍于长者之故,只好违心地下去取鞋。老人又命其给穿上。饱经沧桑、心怀大志的张良,对此带有侮辱性的举动,居然强忍不满,膝跪于前,小心翼翼地帮老人穿好鞋。老人非但不谢,反而仰面长笑而去。张良呆视良久惊讶无语,不久老人又折返回来,赞叹说:"孺子可教也!"遂约其5天后凌晨在此再次相会。张良迷惑不解,但反应仍然相当迅捷,跪地应诺。

5天后,鸡鸣之时,张良便急匆匆赶到桥上。不料老人已先到,并斥责他:"为什么迟到,再过5天早点来。"第二次,张良半夜就去桥上等候。他的真诚和隐忍博得了老人的赞赏,这才送给他一本书,说:"读此书则可为王者师,10年后天下大乱,你用此书兴邦立国。我是济北穀城山下的黄石公。"说罢扬长而去。张良惊喜异常,天亮看书,乃《太公兵法》。从此,张良日夜诵读,刻苦钻研兵法,俯仰天下大事,终于成为一个深明韬略、文武兼备、足智多谋的"智囊"。

张良的隐忍和恒心,让他最终获得了黄石公的馈赠,也因此成就了自己的事业。试想当初他若是耐不住一时之愤,那么何以得天下奇书,得以成就一番事业呢?

世人易嗔,鸡毛蒜皮小事与人争执。世人易怒,动不动就大发雷霆;世人爱面子,容不得他人说一点自己的不是……以智慧心对自己,戒除贪嗔痴疑慢,已心成净土,也自然不会再有烦恼。

白隐禅师就是这样一位能以慈悲心对人,以智慧心束己的圣人,他看破了世事,沉默地守护着自己心灵的一方净土。

有一对夫妇,在白隐禅师家附近开了一家小店,家中有一个漂亮的女儿。不经意间,夫妇俩发现女儿的肚子无缘无故地大了起来。

这时使她的父母颇为震怒,免不得要追问来由。她起初不肯招认那人是谁,但是在父母的苦苦逼问之下,终于说出来"白隐"两个字。

她的父母怒不可遏地去找白隐禅师理论,但这位大师只说了一句话："就是这样吗？"

孩子生下来之后，就被送给了白隐。此时，他的名誉虽已扫地，但是他却并不介意，只是非常细心地照顾这个孩子，他向邻舍乞求婴儿所需的奶水和其他一切用品。

时隔一年之后，这位没有结婚的妈妈终于忍不住了，向父母吐露了真情：孩子的亲生父亲是一个在鱼市工作的青年。

她的父母立刻把她带到了白隐禅师那里，向他道歉，请他原谅他们当年的错误，并请求他允许他们将孩子带走。

白隐禅师依旧无话，他只是在交回孩子的时候轻声说道："就是这样吗？"

白隐禅师的修为令人赞叹、景仰，他并没有将被人误解、诽谤看作坏事，而当误会得到澄清时，他也没有过多地表现出欢喜，而是一直默默地承受，心平气和地付出。他以慈悲心对待恶语中伤他的人，并且悉心照顾他们的孩子；又以智慧心对待这件荒唐可笑的"祸事"，从而让自己能够平和地对待，不起烦恼。这样的人，真是圣人！所以他才能够得到众人的叹服，同时获得自己内心的快乐与清净。

可见，真正的智慧不仅是头脑的聪明，而是用宽厚的胸怀来面对一切祸福，是一种爱人如己的智慧。人生是一场持久战，与人交际从懂事开始一直到人临终，那些忍不了一时愤恨之人，那些容不下他人之人，也必定不会被时间和他人所容纳，只有那些能够安忍之人，才是最终的赢家，真正的赢家。

退一步，才能进十步

适时的退让是非常必要的，这对争取到最后的胜利绝对有益无害。要知道，谁笑到最后，谁才能笑得最好。

以"退"的方式来达到"进"的目的，可以说是一条独辟蹊径的成功经验。

俗话说：退一步路更宽。实际上，退是另一种方式的进，而防守也是另一种形式的进攻。暂时退却，忍住一时的欲望，将你内心涌动的志向之火悄悄隐藏，养精蓄锐，鼓足力量，后退之后的前进将是更快、更有效、更有力的。有时，通往成功的路，便是这样一条曲线之路，但踏上这条路你就绝对不会撞得头破血流。欲速则不达，退一步才能进十步，就是这个道理。

一位计算机博士学成后开始找工作，因为有个吓人的博士头衔，一般的用人单位"不敢"录用他，而经验的缺乏又让很多知名企业对他抱有怀疑。在整个不景气的就业形势下，他发现自己的"高学历"竟然成了累赘。思索再三，他决定收起所有的学位证明，以一种最低的身份进入职场，去获取自己目前最需要的财富——经验。

不久,他就被一家公司录用为程序输入员。这种初级工作对于拥有博士学位的他来说简直是种"侮辱",但他并没有敷衍了事,反倒仔仔细细、一丝不苟地工作起来。一次,他指出了程序中的一个重大错误,为公司挽回了损失,老板对他进行了特别嘉奖,这时,他拿出了自己的学士证,于是,他得到了一个与大学毕业生相称的工作。

这对他是个很大的鼓励,他更加用心地工作,不久便出色地完成了几个项目,在老板欣赏的目光中,他又拿出了自己的硕士证,为自己赢得了又一次提升的机会。

爱才惜才的老板对他产生了浓厚的兴趣,开始悉心地观察他,注意他的成长。当他又一次提出一些改善公司经营状况的建议时,老板和他进行了一次私人谈话。看着他的博士证书,老板笑了。他终于得到了理想中的职位,尽管有些曲折,但他却觉得从最低处开始努力的整个过程都很有意义。

这位博士以退为进,先将自己放在一个极低的水平线上,然后踏踏实实地奋斗,为自己积蓄内在资本。"真金不怕火炼",他在平凡的岗位上显示出了光彩,被慧眼识英雄的老板委以重用。在目标不可能一蹴而就的时候,他选择了暂时的"退",为自己赢得了另一个事业起步的机会。

一个人只有深谙进退之道，知道审时度势，才能明确自己的处境，从而知进识退，进退有节，挥洒自如，才能在激烈的社会竞争中立于不败之地。

生活的智者们不会在形势不利于自己的时候去硬拼硬打，那样，有可能是以卵击石，自寻死路；也有可能是两败俱伤，损伤惨重。在这种时候，他们会先"退一步"，以求打破僵局，为自己积蓄力量赢得机会，从而可以"前进十步"。真正的智者总能分清不同的场合，进而采取不同的处世态度。当自己处于弱势时，总是采取以退为进的方针，才能避开强者的锋芒，保存自己的实力。等到有朝一日羽翼丰满时，才表明自己的主张和态度，这时候，他们就是真正的强者了。

清者自清，浊者自浊

语言沟通是人与人最基本的相处方式之一。然而，说来说去，难免有失真之语。诽谤就是失真言语中的一种攻击性很强的恶意伤害行为。俗语云："明枪易躲，暗箭难防。"也许，在很多时候，诽谤与流言并非我们所能够制止的，甚至是有人群的地方就有流言。那么，在生活中我们对待流言的态度就显得十分重要，正如美国前总统林肯所说："如果证明我是对的，那么人家怎么说我都无关紧要；如果证明我是错的，那么即使花十倍的力气来说我是对的，也没有什么用。"

当流言蜚语已经出现，一味地争辩往往会适得其反，让人觉得你在欲盖弥彰，有句话叫作"解释便是掩饰"，这话不是没有道理。因此还属鲁迅先生说得好：沉默是金。的确，很多时候我们越是急于表现自己，就越是起到相反的效果。误会发生了，即使你再虔诚地解释，对方也未必听得进去。所以对付诽谤最好的方法便是保持沉默，让清者自清而浊者自浊，此乃最明智的选择。

《新唐书》中有一则武则天与狄仁杰的故事：武则天称帝后，任命狄仁杰为宰相。有一天，武则天问狄仁杰："你以前任职于汝南，有极佳的表现，也深受百姓欢迎。但却有一些人总是诽谤诬陷你，你想知道详情吗？"狄仁杰立即告罪道："陛下如认为那些诽谤诬陷是我的过失，我当恭听改之；若陛下认为并非我的过失，那是臣之大幸。至于到底是谁在诽谤诬陷，如何诽谤，我都不想知道。"武则天闻之大喜，推崇狄仁杰为仁师长。

俗话说："流言止于智者。"真正有智慧的人是不会被流言中伤的。因为他们懂得用沉默来对待那些毫无意义的流言诽谤。鲁迅先生曾经说过："沉默是最好的反抗。这种无言的回敬可使对

老人言

方自知理屈，自觉无趣，获得比强词辩解更佳的效果。"在面对无聊的人的谣言攻击时，唯一的态度就是不辩。无视对方，就是给对方最好的反击。

老人言："浊者自浊，清者自清。"用不着过多的解释，也没必要整天为着别人说过的话而给自己平增烦恼。心如止水来应对诽谤，令其被时间洗礼，荡涤掉表面的伪装，诽谤自然不攻自破。面对生活中的种种误解与猜疑，就让我们做"流言止于智者"中的智者，宽容豁达地面对一切风风雨雨，我们的人生必定是另一种局面。

该装傻时则装傻，该聪明时不含糊

一个有才华的人，既要学会装傻，做到不露锋芒、暗中进取，又要学会把握时机，该聪明的时候便要果断出击，施展自己的才华，拼出一番伟业。人生如戏，演绎着幻化无穷的各种偶然情况，稍有懈怠就会有闪失，因此必须学会在"傻"与"聪明"之间划清楚只有自己知晓的界线。

楚庄王继位时很年轻，他并未像其他新君那样一上来就烧"三把火"，而是不问国政，只顾纵情享乐。这时的楚庄王根本不像个国君，朝野上下也都把他看作糊涂无能的昏君。

看到这种情况，朝中一些正直的大臣都十分着急，许多人进宫劝谏楚庄王要节制淫乐，以国事为重。可楚庄王完全不予理睬，甚至下了"胆敢劝谏者死"的命令，果然没有人再敢冒死进谏。

大夫伍举知道直谏毫无用处，便给楚庄王讲了个故事："远方的高山上，有只鸟三年不飞也不叫，人人猜不透，实在不知是只什么鸟！"

楚庄王听完这段话，明白这是在说自己，可他故意装出一副失望的神情说道："这有什么可奇怪的呢？三年不飞，一飞冲天；三年不鸣，一鸣惊人嘛。"

之后楚庄王依然故我，甚至变本加厉，几乎不成体统。一位叫苏从的官员再也看不下去了，经直闯进宫对楚庄王说："大王恐怕会像桀、纣一样招致国破身亡之祸啊！"楚庄王大怒，喝道："你没有听到不准上谏的命令吗？难道你不怕死吗？"苏从昂着头说："如果臣死能让大王振作起来，能让楚国强盛起来，那臣心甘情愿。"

楚庄王凝视着苏从，突然激动地说："对了！这就是我要等的社稷栋梁之材。"接着立即斥退了舞姬妃子，与苏从促膝长谈。

第二天，楚庄王召集百官，任用了伍举、苏从等一大批德才兼备的大臣，罢免了一批只知逢迎的庸才，采取了许多强国富民的措施，楚国自此走向富强，楚庄王也成为"春秋五霸"之一。

楚庄王"不鸣则已，一鸣惊人"，让我们看到了一种"狡猾"的生存与成功之道。在时机尚未成熟、条件也不具备的情况下装一回"傻"，才不会被别人小心提防，才能在暗处谋划全局。然而"装傻"又不是消极的明哲保身，而是为日后的大有作为奠定基础，在别人放松警惕的时候充实自身，当天时、地利、人和齐备之际，这些"装傻"的智人便会果断出击，而且一击即中，这时候，他们便不再需要"傻"的外壳来做掩护了。

社会交往中，能产生良好交际效果有时需要人们装傻，能使本来很有距离的双方达到某种"共识"，从而使进一步的交流成为可能。

有位先生和朋友去拜访一位教授，那教授为人严肃，不苟言笑。坐了半天，除了开头说了几句应酬话，剩下的全是让人尴尬的沉默。

忽然，那位先生看到教授家养的热带鱼，其中几条色彩斑斓，游起来让人眼花缭乱。那位先生知道这鱼叫'地图'，因为自己也养了几条，还很得意地为朋友介绍过。教授见那位先生神情专注，就笑着问："还可以吧？才买的，见过吗？"那位先生说："还真没见过。叫什么名字？明儿我也打算养几条呢！"当时他的朋友不解地看看他,心想装什么糊涂,不是上星期才到我家看过吗?

可教授一听,来了兴致,大谈了一通养鱼经,那位先生听得频频点头。那位教授像是遇到了知音,说说笑笑,如数家珍地给他讲每条鱼的来历、特征,又拉着他到书房看他收集的各类名贵热带鱼的照片,气氛顿时活跃起来。他们一直聊到吃过晚饭才走,朋友才突然领悟到那位先生说谎话的用意。

一句谎话装傻使本来几乎陷入僵局的交谈又顺利地进行下去了。这位先生与其说是装糊涂,不如说是真聪明。他的聪明糊涂学兼用,让教授乖乖"就范"。

该装傻时则装傻,该聪明时不含糊。

生活中,我们常常会碰到这样的场面,到朋友家做客时,主人热情地给客人夹菜,恰恰是客人不喜欢吃的菜。这时,客人不外乎有两种态度。一种是接受主人盛情,一边道谢一边违心地说:"好吃!好吃!"如果说爱吃并强迫自己吃下,只能让自己自讨苦吃。而如果有一天主人知道了原委,也会后悔一辈子。这样,既苦了自己又伤了别人,实在不是高明之举。另一种态度,便是巧妙地拒绝。先说一句:"别客气,我自己来!"再补充一句:"这个菜我挺喜欢吃,就是胃受不了!"如此聪明的回答,既不伤主人的面子,又避免了活受罪,两全其美!

老人言

曹雪芹说"假作真时真亦假,无为有处有还无",该装傻时便装傻,该聪明时绝不含糊,成功便不远了。

人串门子惹是非,狗串门子挨棒槌

人与人相处的时候,一定要时刻注意自己的言行,千万不要惹是生非,搬弄是非,这样不但会伤害别人,也会惹祸上身。

明朝的解缙被皇帝贬官到地方后,他趁着皇帝亲征,入京述职的时候到太子家里拜访,结果惹怒皇帝朱棣,他勃然大怒,立刻将他打入大狱,最后处死。有句老话说"人串门子惹是非,狗串门子挨棒槌",解缙就是吃了不懂这个道理的亏,断送了自己的前程。

解缙虽然才高八斗,为明朝不可多得的人才。但他"善称之不容口","无顾忌"。说白了,就是他不懂得为官之道、不低调,这样就给他造成很多麻烦。有人说,性格决定一个人的命运,确实如此,解缙之败,败在立储之事,再深究一下就摆在他的处事态度上:在立储的风口浪尖上,人人躲避,以求自保,他却迎风而上,稍有不慎,就万劫不复。他的仗义执言,力荐太子,因而得罪了"争储位"失败的朱高煦,"遂致败"。

当年,朱棣在立长子朱高炽和次子朱高煦为太子的问题上,颇费周折。其实，他的私心是想立次子朱高煦的。长子朱高炽虽然宅心仁厚，但外貌不佳，还有脚疾，而朱高煦则英武挺拔，且有政治手腕。解缙对朱棣进言，最终决定了长子朱高炽的太子地位。他对朱棣说"皇长子仁孝，天下归心"，又说"好圣孙"。自古以来，历代皇位，立长立嫡，是为正统。解缙之举，是做的一个臣子应做的本分。他促使朱棣做出了一个正确的选择，也才有了后来明朝的"仁宣之治"。

史书评价，汉王朱高煦心胸狭窄，阴险狡诈。"太子遂定"，"高煦由是深恨缙"。朱高煦恨解缙恨得咬牙切齿，恨不得处之而后快，这也为解缙最后悲剧收场埋下了伏笔。于是，他经常无事生非，诬陷迫害解缙。一是所谓的"泄禁中语"。解缙是内阁中的要员，掌管枢密之事。他自然知道皇帝很多最忌讳的事情，皇帝也是很害怕他把这些事泄露出去，于是对他处处提防。但是解缙的不低调，"善称之不容口"，早就引起皇帝的猜忌。二是所谓的"廷试读卷不公"。解缙曾主持过两次会试，一次是永乐二年，一次是永乐四年。说其读卷不公，是因为解缙选拔的状元榜眼探花，都是江西人。但是，这些被选拔出来的人，的确，有才干，这也就是所谓的举贤不避"近"。这两件事，皇帝朱棣没有找到确凿的证据，当然没有惩罚他的理由，但是内心已经对他起了猜忌之心，要是皇帝对臣子起了杀心，死就是

老人言

早晚的事。

但是倘若事情到此为止，解缙要谨慎自己的言行，可能还能保住自己。毕竟，太子朱高炽对解缙是赏识的，等太子登基，定会得到提升的。但永乐八年，解缙奉命进京奏事。恰逢皇帝朱棣已亲率大军远征漠北了。皇帝不在，解缙自然就去朝见正在留守监国的太子朱高炽。这于公于私，都是很合乎常理的。一般规定，皇帝不在，监国代为处理政务，解缙去向监国报告，也是正常的。但是，朱高煦记在心里，向朱棣告状，说解缙"私觐太子"，"无人臣礼"。朱棣回京，本就对解缙不满，加之这时的皇上也提防着太子的一举一动，于是便借题发挥，把解缙打入大牢，最终被处决。

这也可谓是串门子串出来的祸端，我们在与别人的交往中，也一定要谨言慎行，什么该说，什么不该说，自己心中有个尺度。不要为了一时逞口舌之快，什么都想说，不想这样可能惹来不必要的麻烦。

我们身边可能有些人，老喜欢打听别人的一些事，知道了之后就到处宣扬，似乎这样才能显示自己存在的价值。殊不知，时间久了，大家就会讨厌了。

玛丽已经是人到中年，两个孩子都已经成家立业，搬到别的地方居住，她的生活按说已经很安逸，没有什么负担呢。

她在一家企业的仓库里担任配件员的工作，工作很轻松，一天的活就是把车间里需要的配件，按时发放到工人手里，其余的时间就是闲着了。这可能是无聊的原因，她喜欢在工厂里，到处串门子，这个部门去待上几分钟，那个部门去聊几句，就这样，一天下来，就搜罗了好多部门的最新消息。

但是，知道了很多事情不要紧，放心里，谁也不会怪罪，本来嘛，这些事，就事不关己，没必要到处宣扬。但是玛丽就是这样一个喜欢到处宣扬的人。她只要知道了这个部门的一些事，隔不了几分钟，那个部门必定就收到了消息。

话说回来，一个企业，那么多部门分工合作，难免在工作衔接问题上出点什么摩擦，这也是正常的。这个部门等着交货，但那个部门就是没完成，一来二去的，两个部门就生了积怨，各自在自己的办公室不免牢骚几句。可是到了玛丽这里，她互相之间一传话，性质就变了。两个部门之间矛盾因此就加深了，本来一点小事，就闹大了。有时互相之间甚至吵嚷起来，不仅影响了工作，还破坏了公司的和谐的工作环境。

不久，玛丽的行为被领导知道了，领导几次找她谈话，她都觉得自己是公司几十年的元老，你不能怎么我，我这点小毛病，算什么啊。玛丽仍旧我行我素，公司部门之间的战争也在持续。

最终，领导开除了她。

生活中，我们一定要以玛丽的例子引以为戒。在我们看来，是多么微不足道的一件小事，可是养成习惯就是一件影响人生的大事了。

人不在大，要有本事；山不在高，要有景致

刘禹锡曾在《陋室铭》中写道："山不在高，有仙则名。水不在深，有龙则灵。"说的意思是，一座山，出不出名，不在于其是否高大，一条河出不出名不在于其是否够深，如果山里有仙，不高也会闻名，如果水里有龙，不深照样为人所知。而作为人也一样，就像刘禹锡在后面说的"斯是陋室，惟吾德馨"。他居住的虽然是一件简陋的小房子，但是由于他的品性高尚，一样可以让这座房子闻名。

其实，这不仅是刘禹锡个人的看法，古人也早就总结出了这个道理。有句老话是这样说的："人不在小，要有本事，山不在高，要有景致。"说的也是这个道理。而且，古往今来，也确实有无数的人在用自己的实际情况证明着这个道理。

翻开史书，我们能看到很多这样的事情，一些看起来不起眼的人，却取得了很大的成就，这其中，有一个典型，就是晏子。

交际篇

晏子是春秋时齐国人，历任齐灵公、齐庄公、齐景公三朝的卿相，辅政时间长达50余年，是一名出色的政治家和外交家。晏子逝世后，孔子称赞他说："救民百姓而不夸，行补三君而不有，晏子果君子也！"可谓是对他非常高的肯定了。

晏子虽然有大才，但是外形上并不出众，甚至可以说有些拿不出手，他个子很矮，长得也不好看。在那个人们经常以貌取人的年代里，自然会受到很多轻视，不过，晏子总能用自己的智慧来化解这些不快。

一次，晏子将要出使楚国。楚王听到了这个消息后，对手下说："我早就听说晏婴是齐国的善于言辞的人，可最近一打听竟然是个矮个子，那肯定就没有什么能耐了，看来传言也未必可信。如今，他就要来了，我想要侮辱他，你们说，用什么办法好呢？"楚王手下们马上回答说："大王，等他来时，我们绑一个人从大王面前走过。此时，您就问我们：'绑着的是什么人？'我们回答您'他是齐国人'，然后大王再问'犯了什么罪'，我们回答'犯了偷窃罪'。然后您说'哦？齐国人都好偷盗吗'，不就侮辱了他吗？"

没过几天，晏子就来到了楚国，楚王表示欢迎之后，请晏子喝酒，就在酒喝得正高兴的时候，两个小官吏绑着一个人从众人面前走过。楚王见状，问道："绑着的是什么人啊？"小吏说：

老人言

"大王，这是一个齐国人，犯了偷窃罪，我们押他去受刑。"楚王听了后，摆了摆手，让两个小吏走了，然后看着晏子问道："先生，你们齐国人很善于偷东西吗？"晏子听了楚王的话，离开了座席，恭敬地回答道："大王，我听过这样一件事：橘生长在淮河以南结出来的就是橘子，生长在淮河以北接出来的就变成了枳，两者形状相似，味道却截然不同。橘子甘甜，枳则奇苦。老农说，之所以有这样的差别，是因为水土不同。如今，这个人在齐国的时候不偷东西，一到了楚国就偷东西，莫非楚国的水土能让百姓喜欢偷窃吗？"

楚王听了晏子的话后，很尴尬，苦笑着说："圣人不是能随便开玩笑的，那是再自讨没趣。"而且，从那以后，楚王再也不以貌取人了。

相信很多人都看过这个故事，我们看故事的时候，都会为晏子的机智拍手称快，觉得痛快淋漓，而对楚王，则会觉得他是罪有应得，就该被羞辱。

记住那句话，"人不在大，要有本事，山不在高，要有景致"。

而同时，我们也要从另一分方面认识到，真正能够让我们不同于众人的，是能力，是智慧，而不是外貌。因此，我们在改变自己的时候也应该是注重自己的修养而不是注重外貌。不要因为自己的某些外在的东西不如别人就对自己丧失信心，而是应该奋起努力,从内在上充实自己,最后取得成功。

加拿大第一位连任两届总理的让·克雷蒂安小的时候说话口吃,讲话时嘴巴总是向一边歪。

为此,克雷蒂安很伤心,一点也没有自信。后来,妈妈听人说说话的时候嘴里含上一粒石子,可以纠正口吃的毛病,就决定让小克雷蒂安试试。于是,小克雷蒂安就开始了艰苦的训练。

时间长了,克雷蒂安有点懈怠,不想再练了。妈妈看出了他的抵制情绪,跟他说:"每一只漂亮的蝴蝶,都是冲破束缚它的茧之后才变成的。如果你能够克服困难,也可以成为一只漂亮的蝴蝶。"

那以后,小克雷蒂安更加认真了。终于,功夫不负有心人,经过长久的磨炼,克雷蒂安能够流利地讲话了。而且,也对自己有了信心。最后,他参加了全国总理大选,并一举夺得总理的位置。在竞争演说中,他曾诚恳地对选民说:"我要通过刻苦努力,带领国家和人民成为一只美丽的蝴蝶。"后来,他成功了,为祖国作了很多贡献,加拿大人民亲切地称为"蝴蝶总理"。

我们要学习的就是克雷蒂安的这种精神,不要因为自己暂时的失意,或是外在条件的不足而对自己失去信心,记住,只要肯努力,就一定能够成功。

我想,看到这里大家已经明白了。外表,或者说外在,并不能证明一个人的真正实力，于己如此，于人亦然。我们不要因为别人外在的不如意而去嘲笑他，也不要因为自己外在的不如意而灰心。看人要看内在，做人一样要做内在。如果你做到了这些，于人来说，你必将是个受欢迎，受尊重的人；于己来说，也肯定能够实现自己的人生价值，做到不虚此生。

请牢牢记住这句话吧："人不在大，要有本事，山不在高，要有景致。"

第五章

人际交往：岁寒知松柏，患难见真情

——做好自己，提高情商

奉承你是害你，指教你是爱你

听到奉承的话，很多人都会感到很开心，甚至有一点点骄傲。的确，赢得朋友的赞赏和肯定，是保持友情的最佳方式。如果朋友之间相互欣赏、相互敬重，友情也会因此而恒久、坚强。

但是，很多人的赞誉并不是发自内心的，正是因为人人喜欢被表扬，有人才会趁机吹捧你。这样的人，并不值得交往。

在我国古代，秦始皇在第五次巡游的途中病逝，随行的宦官赵高与宰相李斯于是伪造了一封遗诏，逼太子扶苏自杀，立胡亥为秦二世。不久赵高又杀了李斯，秦朝的政权便完全落于胡亥与赵高之手。秦二世年龄尚小，奸臣赵高又总是在他左右排挤忠臣，秦国的实力大大减弱，赵高最后逼着胡亥自杀了，另立子婴为帝。

此时天下已经大乱了。刘邦领兵攻破武关以后,长驱直入,在蓝田附近完全歼灭了秦国的兵力,一路畅通地进入秦国的国都咸阳。

进入咸阳以后,刘邦见宫殿美轮美奂,珍宝美人更是目不暇接,就想留在宫中感受一番皇室生活。这时候,也有一些人在他耳边说:"这都是大王您的英明啊,如今大王可以苦尽甘来了!"

但武将樊哙劝他不要因小失大,好朋友张良见他不听,严词说道:"我们能够来到咸阳,主要是因为秦王残暴无道。我们应该替天行道,消灭余党,推翻秦朝的奢侈和淫乐,让天下人知道艰苦朴素才能长久。现在您才占领了秦国,就要享受秦王所享受的快乐,这是'助纣为虐'的行为!"张良的话点醒了刘邦,想到自己的利欲之心差点被人挑唆,刘邦吓出一身冷汗。于是撤出咸阳,把军队驻扎在灞上。

每个人都会有意志薄弱的时候,如果在这种时候听信了小人之言,那将十分危险!在社会中,一些人经常聚在一起四处游荡、吃喝玩乐、无所事事,和他们相处久了,只会让你在不知不觉中放松对自己的要求,一步步地走向堕落,这种友情往往是建立在利益交换和虚荣的基础上的,无法长久牢固。

一般来说,你欣赏怎样的人,或者你渴望被怎样的人欣赏,就是你结交朋友的标准。真正的朋友，是那种即使性格迥异，也能够相互尊重，相互欣赏的，相互信赖的人。在真正的朋友之间，就算发生一些不愉快的事情，也是值得信赖的。

就比如，魏晋时期的"竹林七贤"中，山涛和嵇康私交甚好。但是山涛比较乐于做官，而嵇康则对官场避之不及。有一回，山涛在皇上面前推荐嵇康做官，嵇康听说此事后，大为不快，认为好友不懂得自己的心，因此写了一封信给山涛，不仅拒绝了他的推荐，并且与他绝交了。

但是后来，当嵇康担心自己会遭遇不测，托付自己的家人时，第一个想到的还是山涛。他把自己的两个孩子托付给了山涛，而山涛也义不容辞地承担了这个责任。

由于政见的不同，嵇康与山涛的友情破裂了。但是嵇康深知山涛是一位值得托付的朋友，他能够理解自己的心意。要有怎样的信赖，才能将自己的孩子交付给对方？要有怎样的勇气和仁慈，才能让山涛接受抚养子女的嘱托？这就是真正的友情。

怎样保持纯洁的友情，远离那些阿谀奉承的人呢？

这就需要我们有原则地交朋友。如果点头之交都算是朋友，那么朋友就与普通人没有区别了。如果为了达到某种目的而交友，这种目的就不能算是原则，而依据这个标准结交的朋友，也会拿着利益的尺子来衡量你。

老人言

保持内心的独立和稳定,也是远离奉承之人的一个方法。当我们可以很清楚地认识到自己的优点和不足,对自己有把握的时候,别人的评价就不再那么重要了,奉承的人说出来的那些溢美之语,也就自然随风而逝了。

信言不美,美言不信

中国古代哲学家老子《道德经》里有一句话,"信言不美,美言不信"。大意是:真实的话往往不好听,好听的话往往不真实。

在这里,"美"与"信",就是一对矛盾。在生活,像这样的矛盾也有很多。比如,通常喜欢当面谄媚的人,也喜欢背后诋毁人。谦虚是一种美德,但太过谦虚的人可能心有奸诈;沉默是好的品行,但故意不动声色的人可能内藏阴谋。不要认为外表正直的人内心就刚正,对那些看似正人君子实则居心不良的人,要学会提防。

在现实生活中,人的内心常与外表不一,很难看透。有的人笑脸迎人,心中未必友好;有的人痛哭失声,心中未必悲伤。讲别人的坏话,并非直爽;帮别人做坏事,并非有义。古人也十分忌讳那些"厚币甘言"的人。甜言蜜语、厚赠钱财的人,往往另有所图:看似友好,实为贿赂,诱使人徇私枉法。正所谓:画虎画皮难画骨，知人知面不知心。在事前，人心的变化往往难测，而随着事情的发展，真假自然会显露出来，在那个时候，你会发现：给你恰当的批评的人，是你的老师；给你恰当肯定的人，是你的朋友；给你不恰当恭维的人，是你的敌人。

老子说："信言不美，美言不信。"这和我们现代人并不绝缘，在现实生活中，我们常常碰到。有的人说话，说得天花乱坠，很动听，很华美，但是到头来是让你上当受骗。因为他不伪装得美一些，怎么会打动你，让你上钩啊！所以"不信"的话经过外表"包装"变成的"美言"，不就是"美言不信"了吗？相反"信言"是真实的、素朴的，不用"包装"，它往往没有那种外表的美，这就是"信言不美"了。

历史上这种情况就没有断绝过，老子的这种智慧，是从生活、历史中总结出来的，又可以验证生活和历史的。比如汉代陆贾在《新语》中说过："谗夫似贤，美言似信；听之者惑，观之者冥。"这样的例子还少吗？

大家都知道战国时候邹忌讽齐王纳谏的故事，也许一笑了之，但是我们再用老子的理念来解读一番，或许就可以较深地领会为什么"美言不信"了。

齐相邹忌不仅身高八尺，而且长得很帅，一次在要上朝时候，他照着镜子问夫人："我和城北的徐公谁美？"徐公是当时公认的美男子。

夫人回答说:"当然我的老公美,徐公怎么比得上你!"这就是老子所谓的"美言",一般人爱听,但是邹忌觉得有点不可信。这就是邹忌的厉害,他面对"美言"能动动脑筋。

邹忌就再问妾:"我和徐公谁美?"妾说:"徐公怎么比得上你美啊!"这还是"美言",真是异口同声的"美言"了。

第二天有个客人来了,邹忌再问客人:"我和徐公谁美?"客人说:"徐公比不上你美!"

凑巧了,过了一天徐公来了,邹忌仔仔细细地审视他,自以为不如他,再用镜子看自己,发觉远比不上他。

邹忌是一个著名的政治家,他开始考虑,这是为什么。夜深人静,他"寝而思之",发现其中的道理了。我们也来分析一下,确实这种"美言"有不少内涵。

一是,听到人家的"美言"并非就是真言、信言,要考虑可信否、真实否。不管是面对亲近自己的人,还是面对别人,都应该如此。再说,面对一个人的"美言"应当如此,而面对众口一词的"美言"也应当如此,比如邹忌听到的是三个人共同的"美言",也不一定是信言,也不要盲目地就信以为真。

二是,"美言"是动听悦耳,听了让人舒服,但是在"美言"的后面往往有动机,有一种利益关系的驱动力。比如,邹忌知道：妻子"美言"，是出于爱；妾的"美言"，是出于怕；客人的"美言"，是出于有求。一个人要能够洞悉"美言"深层的、背后的东西。

三是，"美言"容易蒙蔽人，就要实际地考察一番。邹忌自己看到了徐公，才知道怎么回事了，否则就蒙在鼓里。他又由此及彼，由近及远，由小及大，想到了政治，想到了国家大事，那么是不是也这样呢？于是入朝来见齐威王时，他就讲了这回事情，讽谏齐威王。

邹忌说："我确实知道自己远比不上徐公之美，但是因为妻子爱我，妾又怕我，客有求于我，所以他们称赞我比徐公美。如今齐国土地方圆千里，是有一百二十个城邑的大国，宫里的女人都爱君王，朝廷群臣都害怕君王，国内的人们都有求于君王，由此可见，君王被人蒙蔽得一定更加厉害了。"这一番话，说得真叫<u>丝丝</u>入扣。

邹忌用心思考过了，有人爱我而我受到蒙蔽，那么爱你齐王的人更多了，你齐王受的蒙蔽更大；有人怕我而我受到蒙蔽，那么怕你的人更多，你受到的蒙蔽也更大；有人有求于我而我受到蒙蔽，那么有求于你的人更多，你受到的蒙蔽就更大了。这种内在的逻辑，很有力量啊！

齐威王是一个很善于聆听的人。他听出了"信言不美"的道理，因此称赞说："善！"更可贵的是，齐威王不仅聆听出这是信言中的美道，而且去践行美言、美道。他下诏令："从今以后，群臣官吏百姓，能够当面指出我的过错的，可以得到上等赏赐；上书进谏我的，可以得到中等赏赐；能在公众场合批评我的，可以得到下等赏赐。"

所以，当我们面对美言时，一定要保持清醒，冷静对待；而当面对信言时，也不妨收起自我防护的盾牌，以包容的心态来接纳。这样做对我们是大有裨益的。那么，反过来说，如果我们是进谏的人，可以将信言美化一点，使得对方更好接受，从而达成目的。

朋友也分类

把朋友分类听起来似乎太无情，从情感上讲有些过不去，但从理智上讲，将交往的朋友划分类别的确有必要，因为你一概平等视之只会使个人精力财力均匀分配出去，既不能在少数人心中树立"铁杆"的形象，又可能被别有用心的人利用，实在是不太明智的做法。

朋友是什么？是你经常惦记着的那个人；是痛苦时第一个想找的人；是打扰了不必说对不起的人；是帮助了不用说谢谢的

人;是步步高升了不用改变称呼的人。然而,在交友过程中,往往容易良莠不辨,好坏难分。面对复杂的人性,把朋友分等级是不得不做的一件事情。而心理上有分类的准备,交朋友时也会比较冷静客观,可把伤害程度降到最低。

要把朋友分类,对大多数人来说并不难。古代的圣人孔子在讲到与人交往的时候,也十分在意亲疏远近的等级差异。他说:"弟子入则孝,出则悌,谨而信,泛爱众而亲仁。"就是说我们会先爱父母兄弟,然后才会爱亲戚朋友,乃至爱其他万事万物。那么,对于朋友的分类也使用这条法则,根据亲疏远近,我们会把朋友分为知心朋友、好朋友、一般朋友等等,这是纵向地来分;那么,横向来分的话,可以简单地分为"可深交级"和"不可深交级"。

人不一定要有很多朋友,却一定要有一位可深交级的真正的朋友,如果将那些别有所图的不可深交级的人分类到可深交级的朋友当中,只会令自己深受其害。

从前有一个仗义的人,广交天下豪杰。临终前对他儿子讲,别看我自小在江湖闯荡,结交的人如过江之鲫,其实我这一生就交了一个朋友,其他都不值一提。

儿子纳闷不已。他的父亲就贴在他的耳朵边交代一番,然后对他说,你按我说的去见见我的这些朋友,朋友的含义你自然就会懂得。

老人言

儿子先去了他父亲认定的"朋友"那里，对他说："我是某某的儿子，现在正被朝廷追杀，情急之下投身你处，请予以搭救！"这人一听，不假思索，赶快叫来自己的儿子，喝令儿子速速将衣服换下，穿在眼前这个并不相识的"朝廷要犯"身上，却让自己儿子穿上了"朝廷要犯"的衣服。

儿子又去了父亲的其他几个"朋友"家。这些人平素与父亲称兄道弟，亲如一家，可当他们弄明白儿子的来意时，都吓得面如土色，找个借口溜走了事。

儿子终于明白，真的朋友是能够在你最危急的时刻伸出援手的那个人；而那些在你春风得意之时与你交好的人往往会在紧要关头丢下你。朋友也分"三六九"，如果把虚情假意的人当作真心朋友，总有一天会受到伤害。

如果仅仅只是虚情假意倒也罢了，怕的是识人不清，误交损友，那后果将严重得多。那么，如何认清人，交到益友呢？每个人都有自己的缺点和不足之处，有些缺点是可以接受和宽容的，但有些缺点是不可接受的，特别是涉及人的本质问题，更是不可接受的。笼而统之，本质有问题的人不可交。

《论语》里关于交友讲到，益者三友：友直，友谅，友多闻。损者三友：友便辟，友善柔，友便佞。意思是，与正直的人交朋友，与诚信的人交朋友，与知识广博的人交朋友，是有益的；与谄媚逢迎的人交朋友，与表面奉承而背后诽谤人的人交朋友，与善于花言巧语的人交朋友，是有害的。

常言道：近朱者赤，近墨者黑。所以，朋友也分类，在不得罪"朋友"的情况下，你可以把朋友分成"刎颈之交类""推心置腹类""可商大事类""点头哈哈类""保持距离类"，等等。

朋友有很多种，所以，你要懂得不同类型的朋友用不同方式去对待。要不然不分好坏、亲疏的一视同仁统一对待，只会让真心待你的人远离，而让唯利是图的人亲近。有这样一条交往的黄金法则——你怎么对待别人，别人就会怎么对待你。那么，反过来说，可是成立的。如果对方真心对你，那么，你也要真心对他；如果对方虚情假意对你，那你也不必还那么真心实意对他。

人生在世，好朋友不用多，只要几个就足够了。因为好朋友就是一本书，他可以打开你的所有世界；好朋友就是当看到你的错误时，会真诚的指出；当你遇到好事时，会真心地感到高兴；当你遭受痛苦的时候，会守在你的身边，鼓励、支持的那个人。

轻信他人，受害的是自己

轻信的错误，很多人都犯过。所不同的是，有的人因轻信吃了小亏，有的人因轻信上了大当；有的人因轻信而"吃一堑，长一智",日后可以接受教训,避免重蹈覆辙;有的人却"屡教不改",一再轻信他人,付出了惨痛的代价。

轻信,或许不能算大毛病。以善心揣度他人与世事,结果自己上当、倒霉,这弱点,人人难免,而且几乎一犯再犯。

导致人轻信他人的因素颇多,忠厚善良、单纯幼稚、愚昧无知、头脑简单,以及好谀、好利、好大喜功,等等,都可能使人对子虚乌有、胡编乱造,或是巧设圈套、暗藏阴谋之事笃信无疑,并从而吃亏上当。忠厚善良、单纯幼稚的人,常以己心度人,以为别人和自己一样与人为善,全无损人害人之心,故易轻信人言;愚昧无知、头脑简单的人,对他人所说之事是真是假、是对是错,毫无判断能力,故易犯轻信之错;好利、好谀、好大喜功者,往往被别有用心的奉承所迷,被另有企图者精心编造的虚假的利益、虚幻的美好前景所诱,而不知其后有圈套陷阱,故常因轻信而中了他人的诡计。

在那个为人熟知的农夫和蛇的故事里,农夫因为轻信了蛇的谎言,将快冻僵的蛇救活,结果却被以怨报德的蛇咬死了。这个农夫就是一个典型的容易轻信他人的人。

这类人考虑问题总是很简单,而且容易轻信别人的话,常常觉得无所适从,拿不定主意,总觉得"公说的有理,婆说的也有理",结果把事情弄得一团糟。他们一般不善分辨是非,因为他们缺乏主见，所以对他人所持的不同观点，往往采取全盘吸收的态度，取其精华，但并不去其糟粕。这样一来，是非不分，只能使事情向着多个方向发展，结果自然不可能是一帆风顺、皆大欢喜的。他们大多心地善良、单纯，但思维或行为方式往往显得幼稚甚至愚蠢。因为轻信，他们会像"应声虫"一样，别人说什么就听什么，人云亦云。所以，在人际交往中，他们最容易吃亏上当，被人利用。他们往往个性不强，胆小怕事，没有创新精神，容易产生从众心理。一般来说，轻信的人会因为不能坚持自己的正确意见而失去获得肯定评价的机会，并因此阻碍工作、学习的进程，以致碌碌一生，无所作为。

这个世界，真实与谎言永远并存，怀疑一切太悲观，相信一切恐怕又过于天真了。有很多事，例如商情股市、产品质价，以及娱乐圈的炒作宣传等等，靠个人的智力，判断不了，也左右不了。我们稍稍可能把握的，大约仅限于周围的人际关系。在学习倾听与观察的同时，有些人的话切勿轻信。

不要轻信那些甜言蜜语的人。人最喜欢别人的夸奖，尽管有时做出拒绝奉承的姿态，可赞歌入耳，心里甜丝丝的，神经都会酥麻如触电。其实很多时候，某些人绞尽脑汁说出这些动听的话，只是因为他们对你有所求，当你轻信赞美的时候，你的心将不再设防，对方也就可以轻易地达到目的。

不要轻信那些喜欢许诺的人。各种各样的许愿、承诺、契约，司空见惯，如过眼云烟。回想一下那些拍胸脯答应你的事，究竟兑现了多少？事实常常低于诺言与期望。如果你真的轻信这些没有分量的许诺，抱着一丝幻想坐等对方实现承诺，结果只会耽误时间，浪费生命。

不要轻信那些爱传是非的人。有很多时候，传言可能就是谣言，如果你把这些荒谬不经的话当真，被其影响，做了错误的选择，终有一天你会后悔莫及。

怎样克服轻信的弱点呢？那就是多学多看，增长知识，在听取别人意见的同时多动脑想一想，辨清是非后再做决定。要有"怀疑"的精神，对自己和他人的观点多做论证，别轻易认为自己的观点都不对，别人的就是完全正确。

不轻信他人是正确的，但凡事也要有"度"，若对任何人、任何事都持绝对怀疑的态度，又会陷入"多疑"的死胡同，也是不可取的。

会表达，易成功

会说话，拥有好的口才。如果你在社交中能侃侃而谈，用词高雅恰当，言之有物，对问题见解深刻，反应敏捷，应答自如，能够简洁、准确、生动地表达自己的思想与情感，更能表现出其不同凡响的气质和风度，那么，这对于生活和工作都是大有裨益的。

2003年10月15日"神舟五号"升空飞行之后，中央电视台《东方时空》曾专门对杨利伟和他的领导进行采访，请他们回答"杨利伟怎样成为中国太空第一人"这一广受关注的问题。

被采访的航天局领导说了3个原因：一是杨利伟在5年多的集训期间，训练成绩一直名列前茅；二是杨利伟处理突发事件的能力特别强，在担任歼击机飞行员时，多次化解飞行险情；三是他的心理素质好，口头表达能力强，说话有条理、有分寸。凭借以上3个优势，杨利伟最终通过了1600人——300人——14人——3人——1人的淘汰考验。

第三点原因令收看此节目的观众感触颇深。节目中还介绍：在总结会上，杨利伟准备充分、积极发言，发言条理清晰，逻辑性强，再加上不慌不忙，故而给领导留下了深刻的印象。所以，当口头表达能力作为选择的一个重要条件时，天平就偏向了杨利伟。

从杨利伟身上，我们可以明白这么一点：出色的口才不但能帮你施展才华，赢得领导的赏识，更会让你的事业成功。

在职场中，工作能力差不多的两个人，语言表达能力不好的人升迁机会往往要比语言表达能力好的人少得多。有人说，干得好不如说得好，这句话虽然有些偏颇，但是在职场中，会做事再加上会表达，这样的人肯定能迅速受到领导的青睐和重用。

美国某研究所进行的一项专门调查显示，有80%以上的企业管理者经常发出这样的抱怨：员工语言表达能力每况愈下，这主要表现在两个方面——与同事沟通出现语言障碍，向领导汇报时表述不清。

另一个数据也同样说明了这个问题。有65%以上的员工因为语言能力问题而迟迟得不到升迁，有的员工即使因为业务能力强而暂时得到升迁，但继续升迁的困难很大，究其原因就是语言表达能力不过关。

在职场中，有很多下属不善于和领导沟通，甚至害怕和领导沟通。尽管领导对自己也算不错，尽管彼此并无矛盾，尽管也明白沟通很重要，但在工作中还是会不自觉地尽量避免与领导沟通，或者减少沟通的内容。这样的下属得不到领导的赏识就是自然而然的了。

俗话说：会说话能当钱花。意思就是说，如果一个人善于驾驭语言，便可以不用一分一毫，得到所需要的东西。会说话可以推销，可以升官发财，甚至可以不战而屈人之兵。

在战国时期，苏秦和张仪就凭着三寸不烂之舌，跻身于中国统一的推动者之列，还并列成为一言以兴邦，一言以丧邦的纵横派鼻祖。

同样，在三国时期，刘备被曹操大军穷追猛打，眼看就要全军覆没，打出白旗投降服输，诸葛亮单舟渡江，在东吴"舌战群儒"，不花一文钱获得了东吴这个强大的盟友，使刘备免于灭顶之灾；后来，诸葛亮又在阵前温文尔雅地说了一席话，气死了大司徒王朗，真可谓杀人不见血，把语言直接转化为战果，传为千古佳话。

由此可见，会说话是多么的重要。尤其是在现代社会，在这个信息时代，社交成为生活中的重要组成部分，与人合作的机会越来越多，交际越来越多，推销自我的口才也越来越重要。有口才就是会说话。口才是一门艺术，话说得得体，不仅能体现出自身修养，让别人舒舒服服地接受我们的意见，使人愿意接近我们，说话可以让我们了解出对方的意图，或从中得到启示，增加彼此间的了解，和对方建立良好的友谊。

"会说话"不仅能当钱花，还有比当钱花更多的好处。比如说，会说话能帮助你在竞争中，转败为胜。

有一个美国人图拉德，他听说阿根廷需要在国际市场购买2000万美元的丁烷气体，就想做这笔生意，但他的实力远不如竞争对手。这时，他得知阿根廷牛肉过剩，就以买2000万美元牛肉为条件，说服阿根廷政府把丁烷生意合同给他。接着，他飞往西班牙，找到一家因缺少订货而濒于关闭的造船厂，以定购一艘造价2000万美元的超级油轮为条件，说服他们购买他买下的阿根廷的 2000 万美元牛肉。然后他直奔费城太阳石油公司，以购买 2000 万美元的丁烷气体为条件，说服该公司租用他在西班牙建造的 2000 万美元的超级油轮。最终，图拉德凭借他的口才，做成了这单生意。

"会说话"还能助人把宏伟蓝图变成现实。早在十九世纪，梦想修建美国中央铁路的 4 名加州人，自行组建了太平洋铁路公司。为了实现这个宏伟蓝图，他们亲自出马向铁路沿线的州县政府游说，不仅列举大量发展铁路事业对促进地方经济繁荣的好处，还详尽说明了他们方案的可行性和可靠性，晓之以理，动之以利，终于从沿线政府筹到大量资金。就这样，他们没出一文钱，靠自己的三寸不烂之舌，借用地方政府的经济力量，建成了美国中央铁路，并赚取了巨额利润。他们被当作美国第一代创业者和美国铁路创建人载入史册。

总之，会说话，当钱花。拥有好的口才，能够帮我们解决一些大大小小的问题，对于我们的生活、工作都有很大的益处。

礼多人不怪，多笑惹人爱

做事并不是有"理"就够。很多人因为有"理"在身，所以"理直气壮"地办事情，结果往往适得其反。这其实是因为他们的做事方法太直接了,往往会让人感到不舒服,所以即使有"理"也要变通行事,再多一些"礼",这样才能顺利方便,百试不爽。

无论是"有'礼'走遍天下",还是"伸手不打笑脸人",都是在强调"礼"的重要性。时时不忘以"礼"待人的人,人际关系才能良好。

一个刚刚走出大学校门的女孩,接到一家大企业的面试通知,她在兴奋之余又非常紧张。在面试那天,尽管做了充分的准备,她还是没能够表现出自己应有的水准,她实在太紧张了,说话结结巴巴、语无伦次,对面的几个考官都皱起了眉头。这时,一位中年男士走进办公室和考官耳语了几句,在他离开时,女孩听到人事主管小声说了句"经理慢走"。那位男士从女孩身边经过,给了她一个鼓励的眼神,女孩非常感激,立刻站起来,毕恭毕敬地对他说:"经理您好,您慢走!"她看到了经理眼中些许的诧异,然后他笑着点了点头。等她再坐下时,她从人事主管的眼中看到了笑意……

一个星期后,她竟然获得了这份宝贵的工作。就是因为她对经理那句礼貌的称呼,让人事部觉得她对行政客服工作能够胜任,所以才改变了对她的印象,决定给了她一个机会。

一句礼貌的称呼为女孩赢得了一次难得的机会。这看来很简单，我们每个人都能做到，但很多人忽略了它。

正是因为"礼"在长期规范和维系着人与人的交往。礼在某种意义上就是情，礼少了，情也就淡了。所以，不管是做人还是处世，多些礼数总没有错，正如那句老话所言"礼多人不怪，多笑惹人爱"。

在商界，有很多成功的经商之道就是打"微笑牌"。

阿尔米公司是美国钢铁公司和国民制酒公司的一家子公司，是一家生产钛产品的联合企业。几年前它的经营成绩低于一般水平，生产效率和利润都很低，但最近5年来，阿尔米公司获得了引人注目的成功，究其原因是因为"大块头"吉姆·丹尼尔出任总经理的时候实施了"微笑计划"。

《华尔街日报》把这项计划形容为"一个由感人肺腑的口号、相互交流和满脸堆笑组成的大拼盘"。丹尼尔的工厂里到处贴着告示，上面写着："倘若你看到有谁脸无笑容，那就请对他报以微笑吧。"用心微笑才能让你的工作充满活力。

阿尔米公司的标志就是一张笑脸，信笺上、厂门口、厂徽、工人的安全帽上，这张笑脸无处不在。"大块头"吉姆·丹尼尔花费大量时间用于骑车巡视工厂，他和工人们打招呼，相互微笑，倾听他们的意见，彼此称兄道弟。此外，他也很关心工会，当地的工会主席充满敬意地说："他让我们出席各种会议，让我们了解工作的进展情况，这在别的行业真是前所未有的。"这样做的结果是，在最近3年里，阿尔米公司几乎未加任何投资，但生产率差不多提高了80%。

无独有偶，同样打"微笑牌"的，还有美国希尔顿酒店。它创立于1919年，在不到90年的时间里，从一家酒店扩展到一百多家，遍布世界五大洲的各大城市。几十年来，希尔顿酒店的生意如此之好，财富增长如此之快，其成功的重要秘诀就是要求员工用心微笑，让顾客有宾至如归的感觉。

希尔顿在创业之初对员工的要求就是："微笑，记住了，我们要让顾客有回家的温暖，微笑是很重要的，以后我检查你们工作的重要标准就是，今天你对客人微笑了吗？"

1930年是美国经济萧条最严重的一年，全美国的酒店倒闭了80%，希尔顿的酒店也一家接着一家地亏损，一度负债达50万美元。希尔顿并不灰心，他召集每一家酒店的员工，向他们特别交代和呼吁："目前正值酒店亏空靠借债度日时期，我决定强渡难关。一旦美国经济恐慌时期过去，我们希尔顿酒店很快就能进入云开日出的局面。因此，我请各位记住，希尔顿的礼仪万万不能忘。无论酒店本身遭遇的困难如何，希尔顿酒店服务员脸上的微笑永远是属于顾客的。"事实上，在那纷纷倒闭后只剩下的20%的酒店中，只有希尔顿酒店服务员的微笑是美好的。经济萧条刚过,希尔顿酒店就领先进入了新的繁荣期,跨入了经营的黄金时代。

不管是做事要懂礼数,还是要微笑待人,它反映的不仅是一个人的教养问题,还反映出一个人的生活态度问题。

人生在世,我们无法阻止岁月的流逝,却可以阻止活力的消失。很多人在年轻时就已经进入了夕阳般的衰老疲惫的工作状态,这都是因为他们忘记了用心微笑。奥利弗·霍尔姆斯80岁的时候,人们问他活力依旧的秘诀是什么,他回答说:"要保持愉快的态度,要对自己满意。我从来没有感到愿望得不到满足的痛苦……躁动、野心、不满、忧虑,这些都使皱纹过早地爬上了额头。皱纹不会出现在微笑的脸庞上。微笑是年轻的讯息,自我满足是年轻的源泉。"

如果一个人随时保持乐观的微笑状态,保持心灵永远年轻,那么即使他进入了老年也能够像年轻人那样充满活力。"老骥伏枥,志在千里;烈士暮年,壮心不已。"年龄不是区分衰老与否的主要标志,"笑一笑,十年少;愁一愁,十年老",无论是处在什么年龄阶段,只要永远保持微笑,你就比别人活得更快乐、更幸福,也更有工作热情。所以,从今天开始用心微笑吧,你会发现原来周围的一切都那么可爱,工作是那么愉快的事情。

话多不如话少，话少不如话好

女人的唠叨对丈夫来说一场不折不扣的灾难，同样，在人际交往中，爱唠叨的人也是不受人欢迎的。

在现实生活中，很多人都是人群中的活跃者，喜欢以自我为中心，夸夸其谈，当然不会得到好人缘。还有一些人，总是将自己的生活泡在"苦水"里。无论大事还是小事，他们都像"祥林嫂"一样，不遗余力地向人倾诉，向人抱怨。然而，这样做，不仅不会换来同情，还可能惹来别人的厌弃。

俗话说："话多不如话少，话少不如话好。"话多的人不一定有智慧，话少倒有可能更让人接受。下面这个案例就是最好的说明。

开始时，王艳向别人推销时总是赖在别人面前不走，直到把对方累垮，业绩却毫无起色，久而久之，她对自己的推销能力也产生了怀疑。后来在别人的帮助和指点下，她决定："并不一定要向每一个我拜访的人推销保险。如果超过预订的时间，我就要转移目标。为了使别人快乐，我会很快离开，即使我知道如果再磨下去他很可能会买我的保险。"

谁知这样做竟然产生了奇妙的效果："我每天推销保险的数目开始大增。还有，有些人本来以为我会磨下去的，但当我愉快

老人言

地离开他们之后，他们反而会到另一间办公室来找我，并且说：'你不能这样对待我。每一个推销员都会赖着不走，而你居然不再跟我说话就走了。你回来给我填一份保险单。'"

沟通不是一件容易的事情。人是复杂多样的，各有各的癖好，各有各的脾性。

在与人相处时，或许你就有这样的感触：当有人想用言辞来引起你的重视的时候，反而他说得越多，在你看来这个人就越是平淡无奇，或者越是觉得他啰啰唆唆惹人讨厌。

这是因为，说得越多，说出愚蠢的话的可能性也就越大。很多时候，如果能保持缄默，或者把话说得简洁一点，直观一些，或者保留一些，给对方留一点遐想，那么可能更受欢迎。

常言道："言多必失"，也是指说话太多的害处。清朝宰相刘墉就曾体验到这样的害处。

提起"刘罗锅"刘墉，人们脑海里立刻出现了一个聪明机智、正直勇敢、不失几分幽默的人物形象。他凭着自己的正直和聪明周旋于危机重重的官场，左右逢源，游刃有余。但很少有人知道，刘墉也曾遭遇重大转折，受到乾隆皇帝的申斥，本该获授的大学士一职也旁落他人。

究其原因，不过是刘墉守口不密，说话不周，酿成了祸患。一次乾隆谈到一位老臣去留的问题，说若老臣要求退休回籍，乾隆也不忍心不答应。刘墉便将这话泄露给了老臣，而老臣真的面圣请辞。乾隆大为恼火，认为这是刘墉觊觎大学士的明证，是谋官的明证，因而训斥一通，将大学士一职改授他人。

因此，足见言语谨慎对于一个人在职场生存立足具有很重要的意义。职场处世戒多言，多言必失。刘墉由于说话不慎，而将到手的大学士丢了，就是最好的明证。

当然了，与人相处，话要少说更要说得好。在我们的人生中，不但要学会适时地沉默，还要学会优美而文雅的谈吐。少说话固然是美德，但是在该说的时候，要注意所说的内容、意义、措辞、声音和姿势，要注意到什么到什么场合说什么话。无论是探讨学问、接洽生意还是交际应酬、娱乐消遣，我们要尽量使自己说出来的话要重点突出、具体而生动。

古语说：兵不在多而在精，说话也应以"精"为好。《墨子闲话》中记下这样一个故事：

子禽有一次问他的老师墨子："多言有什么好处吗？"

墨子回答说："青蛙日夜都在鸣叫，弄得口干舌燥，却不为人们所爱听。而晨鸡黎明按时啼，天下不都被叫醒了！多言有什么好处？话要说到点子上才好。"

事实正是如此。要把话说到点子上，说到对方的心坎里，这样才能给交际架起绚丽的彩桥。

蚊子遭扇打，只因嘴伤人

俗话说："蚊虫遭扇打，只为嘴伤人。"意思是说，以尖酸刻薄之言讽刺别人，只图自己嘴巴一时痛快，殊不知会引来意想不到的灾祸。人与人相处原本没有那么多的矛盾纠葛，可是常常因为有的人逞一时之快，说话不加考虑，只言片语伤害了别人的自尊，让人下不来台，引发了事端。

三国名将关羽，过五关，斩六将，温酒斩华雄，匹马斩颜良，偏师擒于禁，擂鼓三通斩蔡阳，"百万军中取上将之首，如探囊取物耳"。然而，这位叱咤风云、威震三军的一世之雄，下场却很悲惨，居然被吕蒙一个奇袭，兵败地失，被人割了脑袋。关羽兵败被斩的最根本原因是蜀吴联盟破裂，吴主兴兵奇袭荆州。吴蜀联盟的破裂，原因很复杂，但与关羽其人的骄傲有着密切的关系。

诸葛亮离开荆州之前，曾反复叮嘱关羽，要东联孙吴，北拒曹操，但关羽对这一战略方针的重要性认识不足。他瞧不起东吴，也瞧不起孙权，致使吴蜀关系紧张起来。关羽驻守荆州期间，孙权派诸葛瑾到他那里，替孙权的儿子向关羽的女儿求婚："求结两家之好"，"并力破曹"，这本来是件好事。以婚姻关系维系补充政治联盟，历史上多有先例。如果放下高傲的架子，认真考虑一番，利用这一良机，进一步巩固蜀吴的联盟，将是很有益处的。但是，关羽竟然狂傲地说："吾虎女安肯嫁犬子乎？"

不嫁就不嫁嘛，又何必出口伤人？试想这话传到孙权那里，孙权的面子如何吃得消？又怎能不使双方关系破裂？关羽的骄傲，使自己吃了一个大大的苦果，最终被自己的盟友结束了生命。

有句话说得好："说出去的话就像泼出去的水，那是收不回来的。"那么，要想不为说出的话而感到后悔，那就管好自己的嘴。特别是在做人做事时，应和和气气，不做有损人面子的事情，不说有损别人面子的话，这样，才能和平共处，共赢互惠。

语言的伤害力我们不可小视，随口说的一句话可能给人以巨大的创伤，或者使人痛苦不堪。语言不是枪或刀等利器，但残忍的言语比利器还要厉害，它会抹杀人的精神，给人留下无法磨灭的心灵创伤。肉体的伤害容易愈合，但精神的创伤却难以抚平。

语言是引起风波的罪魁祸首，如果别人不能容忍你的话。短短的一句话，能使你的职场步履维艰，能使姻缘断绝，能使友情破裂。语言的威力可谓惊人，如若语言含有毒物，它可以毁灭人生，如若语言含有芳香，它可以愉悦生命。

正所谓："好言一句三冬暖，恶语伤人六月寒。"所以，不要取笑或言语伤人，说者无心，听者未必无意。和气之道、避祸之道表现为是言语的和气。以和气的言语、富有爱心的言语对待他人，自己也会有美好的人生。

老人言

人情不可透支

在这个世界上，若想活得出色，活得风光，就必须有一些能使自己成才、成器或成事的路子，包括生存的路子，或者成就某一事业的路子。这些路子都不可能靠自己单枪匹马的力量硬闯出来，必须借助他人指导、引荐、支持或帮助才能找到方向，踏上征程。从某种意义上说，这些路子都是别人给的，或者说是别人帮助开拓的。那么，天下之大，人事之繁，别人为什么要单给你路子？为什么乐意帮你开拓路子？答曰：人情使然，有了人情也便有了路子，人情大，路子宽。

群居而活的人们，做事不可能单打独斗，很多时候都需要用到亲戚朋友，换句话说，要动用到人情存款簿。然而人情也不是取之不尽用之不竭的东西，一旦透支，就可能再也用不上了。那么要如何动用才不至于"透支"呢？这就需要在与人交往和办事时掌握好以下几个原则：

首先，要弄清楚你和对方的情分如何，再决定是不是找他帮忙。其次，如果能不找人帮忙就尽量不找人帮忙，就好像银行存款，能不动用当然最好，宁可把这人情用在刀刃上。再则，动用人情的次数要尽量少，以免提早把人情存款用光。然后，要有适度的回馈，也就是"还人情"。回馈有很多种，例如主动去帮助对方,请吃饭、送礼物都可以。总之,不要把人家帮你忙当成应该的,有"提"有"存",再提还有。就算对方欠你情,你也不可抱着讨人情的心态去要求对方帮忙,因为这有可能引起对方的不快。最后,注意斤斤计较的人,你们交情再深,也不可轻易找他帮忙,否则这笔人情债会像在地下钱庄借钱那般,让你吃不消。

有这样一个故事说,有个人负责某份杂志,由于杂志的财源并不丰裕,不仅人手少,稿费也不高,但他又不愿意因为稿费不高而降低杂志的水准,于是他开始运用人情向一些作家邀稿,这些作家和他都有过交情,但其中一位在写了数篇之后坦白向他说:"我是以朋友的立场写稿,但你们稿费太低了,错不在你,但你这样做是在透支人情。"

透支人情说到底不会有什么好结果,对人对己影响都不好。如果透支了人情,你们之间的感情必然会转淡,甚至他对你避之唯恐不及,那么有可能进一步发展的情分就此断了。更甚者,你在他眼中变成了不知人情世故的人,这对你是相当不利的。

如果你不了解这些,动辄找同学、朋友帮你的忙,那么你就会发现,你慢慢变成了不受欢迎的人。当然也有主动帮你忙的人,但切勿认为这是天上掉下来的,你若无适度的回馈,这也是一种"透支"。

对待人情必须把握分寸,把握轻重。如果处理不当,你即便给别人施情，别人也不会接受；你向别人求情，别人也不会帮助你。所以，如何对待人情是每个人都应该把握的大学问。

总之，人脉是帮助一个人立身在社会的一个很重要的因素。如何经营好你的人脉是你要掌握好的一门重要的学问。

花香不在多，室雅不在大

评价一个人的标准有很多，品格，绝对是其中最重要的一个。一个有良好品格的人，必定是热心的，能够急人之困，同时肯定也是正直的，能够坚持自己的操守，看到别人遭遇不公时会挺身而出，去维护正义。他们更是能起到表率的作用，不仅让自己的人生更加精彩，还能照亮别人。好品格就像是一朵鲜花，花朵不多，但香气浓郁；也像是一间屋子，面积不算大，但是却十分雅致。也就是人们常说的"花香不在多，室雅不在大"。

"花香不在多，室雅不在大"这句话是郑板桥说的，指的就是一个人只要有好品格，那么，他不需要有多么高的地位，也不需要有多么多的财富，一样能够得到人们的尊重，受到别人的赞美。事实上，郑板桥不仅是这样说的也是这样做的。在他的当官生涯中，做了很多好事，为很多穷苦的人伸张正义，主持公平，他用自己的行动证明了自己的品格，让人们知道，他是一个言行合一的人。

我们要学习的就是郑板桥这样的人,做一个有品格,有道德的人。哪怕我们只是人海中普通的一员,也要有不俗的气质,坚守自己,影响他人。做一个平凡但香气浓郁的花朵,做一个不大但雅致的居室。

孔融是东汉末年的大学问家,小时候才思敏捷,聪明好学,反应很快,大家都夸他是神童。孔融4岁时,就已能背诵许多诗赋,并且懂得礼节,父母兄长都非常喜爱他。

这天,父亲的朋友来孔融家做客,带了一盘梨子,送给孔融兄弟们吃。父亲接过篮子后,就交给了孔融,叫孔融分梨。孔融挑了一个最小的梨子给自己,其余的按照长幼顺序分给了兄弟们。父亲和朋友都很惊讶,就问孔融为什么要这么分。小孔融说:"我年纪小,是家里的小弟,就应该吃小的梨,把大梨让给哥哥们。"父亲听后十分高兴,又问道:"可是,弟弟也比你小啊?为什么也要给他大的。"孔融回答:"因为弟弟比我小,所以我才应该让着他啊!"这便是家喻户晓的孔融让梨的故事。

如今,孔融早已作古,但他的这种懂得谦让的品格,却早已印在我们的文化和传承当中,被我们一代又一代的人所铭记。之所以这样,就是因为他的品格。由此,也可以看出品格之于人的作用,它可以穿越千古,让后世铭记一个人的所为所行,通过传承让品格高尚的人得到千代万代的称颂。同时，也能让一个人的价值得到升华，让人脱离低级趣味，超越自我。

我国有五千年的文明，在这文明长河中，有很多品格高尚，为民族、为他人奉献自我的人，这些人就是文明历程中的那些花朵，虽不多，但香气浓郁。在这其中，还有一个是值得大书特书的，她就是王昭君。

王昭君，名嫱，字昭君，汉朝人，生于南郡兴山县。因聪慧丽质，貌美知礼，汉元帝时被选入宫中做"待诏"。

西汉晚期，汉王朝和匈奴议和，停息了长期的战乱，恢复了"和亲"关系。汉元帝竟宁元年，西汉王朝答应匈奴呼韩邪单于的要求，派王昭君出塞和亲。从此出现了汉匈和好、互不侵害的局面，王昭君在其中起了很大作用，也因此受到历代人民的称赞。

王昭君自愿出塞，远嫁异族，为两族的和平做出了巨大的贡献。她还从西汉带去了很多农作物的种子，并亲自交给匈奴人耕种的方法，让他们在牲畜不够吃的时候，还能存有一定的食物，以解生计之困。同时，王昭君还大力在匈奴推广汉文化，增加匈奴人对汉人的了解，这也为两族的和平共处起到了很大的作用。

王昭君一生都是在匈奴度过的，可以说是为了两族的和平贡献了自己的全部青春。但她始终无怨无悔，从未抱怨，也从未想过要逃避，而是始终兢兢业业，真正尽到了一个"使者"的责任。她之所以能做到这样，靠的就是其个人的品格。正是这种品格的支撑，才让她在没有亲人，习俗也不同的异乡度过了自己那漫长而又波澜壮阔的一生。也正是这种品格，让她成了我们的民族英雄，成了家喻户晓的名人，为历史所铭记。

通过这些古人的言行和事迹，我们看到了品格对一个人的重要性。一个有良好品格的人，不仅能让自己的价值得到彰显，更是能够影响别人，成为别人的榜样。我们的民族正是因为有千千万万个这样的人，才会有辉煌灿烂的五千年文明，才会有悠久的历史文化传承。作为一个现代人，我们要做的就是继承古人的遗志，以他们为榜样，向他们看齐，并努力超越前人，为民族的复兴贡献自己的那一分力量，同时也让自我的价值得到最大的体现。

人人都喜欢鲜花，都喜欢雅室，但光喜欢是不够的，更重要的是，变喜欢为拥有。只有通过自己的努力，提升自己的品格，才能变成社会中的鲜花和雅室，才能得到更多人的认可，也才能让我们的人生更有意义。而想要做到这些，就要从日常的小事开始，慢慢积累，工夫到了，境界自然就到了。

当然，我们也必须要看到，在这个过程中，肯定是会有很多的困难的，我们会经受各种各样的干扰。不过不要怕，只要坚持住了，自然就能成功。到那时，你将会感受到品格给你带来的益处。那不仅是自我的愉悦，更有别人的赞扬和鼓励。所以，从现在开始,努力提高自己的品格吧,努力做一个鲜花,一个雅室。虽然你可能只是一朵,只是一间,但并不影响你散发香气,散发雅致。

再精巧的算盘也有算错的时候

古今中外,耍小聪明误事的,甚至丢掉性命的人比比皆是。

和珅由一名当差的升为户部郎兼军机大臣,官至文华殿大学士,封一等公。和珅为官,弄权耍奸,朝野骂声不绝。故而当他的靠山乾隆帝死后不久,就被嘉庆皇帝宣布20条罪状,令其自裁,抄没家产约值8亿两,等于朝廷一年收入。这"8亿两"乃种种祸国殃民、巧言令色的诸般"前事"的积累和"物化"。"百年原是梦,卅载枉劳神",总结得何等正确。恋生惧死,人之常情,和珅"伤感"于"前事",他身陷囹圄之际,最终才明白是他的那种以权谋私的作为,"误了自身,罪有应得,没啥冤枉"。

《红楼梦》中的王熙凤才智过人,手腕灵活,权术机变,口才出众,大权独揽,营私舞弊,并且纵欲、自恃与狠毒,结果是聪明反被聪明误,送上了卿卿性命。

观古可以鉴今。到头来感伤嗟叹,恨"才""误"身,那份欲说还休的复杂心绪,是何等的悲哀与无奈。

聪明之人拥有令人羡慕的资本，但聪明也应审慎用之，聪明用于邪则误入歧途，机关算尽也会必有一失，有才是好事，但也别"身死因才误"。

做人必须要吃透很多学问，例如"聪明反被聪明误"，即为其一。"聪明"是一个带有限定性的词，处理不好，即会被聪明误，因为物极必反，任何事情都有一个限度。对深藏不露的意图可利用，却不可滥用，尤其不可泄露。一切智术都须加以掩盖，因为它们招人猜忌；对要聪明的意图更应如此，因为它们最容易招人嫉妒。

常言道：聪明一世，糊涂一时。不可否认，胡雪岩是个聪明人，可是在替清政府跟洋人借钱的时候，他这个聪明人却干了一件糊涂事。

一个人发展越顺的时候，越应该更加小心。人一旦太顺了，嫉妒的人就多了，想要找茬的人也就多了，稍微不小心，就有可能落下把柄在别人的手里。正因为发展太顺了，人们常常会掉以轻心，觉得世间就只有自己聪明，只有自己的如意算盘能够打得响。所以，越是聪明的人，越容易栽大跟头，越是艺高的人，就越容易酿成大祸。

这正如胡雪岩所说："再精巧的算盘，也有打错的时候。"所以，在现实中，一定不能以为自己聪明，就对什么事情都掉以轻心。

灾难常常是在我们最不经意的时候来临的,所以做事情一定要小心谨慎,不能机关算尽,到头来承担恶果的是自己。

一把米养个恩人,一斗米养个仇人

有时候,送一把米,资助虽少,但能救人于危难,对方会感激。而有时候,送一斗米给人会使人贪得无厌而反目成仇。所以,帮助人要看时机与对象。

古时候,有两户人家是邻居。两家平日里相处得不错,关系很融洽。两家都以种田为生,其中一家的人更勤奋一些,家中条件也更宽裕。

有一年遇上旱灾,两家都颗粒无收。穷家每年都没有多少富余,就指望着田里的收成过活,今年眼看着一家人就要饿肚子了,而富家因为往年有结余,家里有不少储备的粮食。看到邻居家有困难,富家送去了一升米,解了穷家的燃眉之急。

因为这一升米,穷家才没有在灾年饿死。度过灾年后,穷家家长专门去富家拜谢。交谈之中,又提到穷家现在连吃饭都很困难,下一年的种子更没有着落。于是,富家再一次表现慷慨,又拿出一斗粮食给穷家。

回家后，穷家一家人商量这一斗粮食应该怎么分配。分来分去，最后发现，除了吃以外，这斗粮食根本不够明年地里的种子。于是，穷家开始抱怨起来，觉得富家太过分了，既然有富余，就该多给他们一些粮食，心里有了怨气，就难免到处说富家的坏话。

没过多久，富家也知道了穷家的抱怨。富家人非常生气，心想："我白送你们这么多的粮食，不仅不感谢我，还到处说我坏话，太不像话了。"于是，断绝了和穷家的来往。

本来关系挺好的两家人，却因为由一升米提高到一斗米而成为仇人。这就是俗语中常说的"一把米养个恩人，一斗米养个仇人"。

一个人在饥寒交迫的时候，得到一把米，能解决他的生存问题，他自然会感激不尽。不过，如果继续给他米，这个人就会觉得理所当然，慢慢会变得心安理得。一把米已经不够了，两把、三把，甚至更多，对他来说，欲望已经被放大。

物理法则里面提到，力的作用是相互的，然而经济学却不那么看。经济学家认为，我们向往某事物时，情绪投入越多，第一次接触到此事物时情感体验也越为强烈，但是，第二次接触时，会淡一些，第三次，会更淡……以此发展下去，我们接触该事物的次数越多，我们的情感体验也越为淡漠，一步步趋向乏味。这就是"边际效用递减率"。

曾经有一个母亲在女儿出嫁前嘱咐女儿:"到了婆家,记住不要一直做好事。"这位母亲正是深谙"边际效用递减"规律。母亲担心女儿一直做好事,婆家会认为这个媳妇天生就是这样,对她所做的好事不会记在心里,反而会有更多的要求,甚至不允许她日后出现一点点的细小差错。

生活里我们经常会遇到这样的事,当第一次帮助了某人,他会对你心存感激,而第二次帮助他的时候,他的感恩心理就会淡化。数次之后,别人甚至将你的付出当成是理所当然的。一旦他所期望的帮助没有出现,反而会对你心存怨恨。

施恩不图报,这是很多人帮助他人的初衷。然而,当"滴水之恩,涌泉相报"走向了"理所当然,恩而不谢",你还能坚持把好事做下去吗?所以在扶危济困的时候要有原则,不要助长了他人好吃懒做的贪欲,所谓救急不救穷说的就是这个理儿。

打人莫打脸,骂人莫揭短

俗话说:"人有脸树有皮"。自尊心是每个人都有的,因此,在人际交往中,应当尽可能照顾别人的自尊需要,千万不要伤害别人的自尊心,尤其不要揭人短处,戳人伤疤。

当然，人际交往中摩擦是难免的，在摩擦中，应当就事论事，才能保持双方的理智，集中精力解决问题。假如搞人身攻击，不仅问题解决不了，还会引起激烈的冲突，甚至导致双方理智的丧失，干出蠢事来。

解决人际交往冲突的方法很多，非原则性的争执，则谦让宽容；原则性的问题，比如对方确实存在错误缺点，则采取"理直气和"法。即在批评别人时坚持以理服人、婉转迂回的方式。

《伊索寓言》中有一篇关于太阳和风的故事：

太阳和风谁更强有力？风说："我要让你看看我的力量，看见路上穿大衣的那个老头吗？我敢打赌，我能比你更快地使他脱掉大衣。"

于是，太阳躲到云后，风开始吹起来。风越吹越猛，但它吹得越急，老人却把大衣裹得越紧。

终于，风无可奈何地平息下来。太阳从云后露出脸来，以暖洋洋的光照着老人。不久，老人出汗了，不得不把大衣脱掉并躲到树荫下纳凉。

太阳对风说："怎么样，温和与友善比愤怒和粗暴更有力吧？"

从以上故事可以看出，有时候用温和的方式更容易让人做出改变或者接受我们的观点建议。所以在对人对事上，不揭人短处，不戳人痛处，用温和的语气更容易取得预期的效果。

老人言

此外，如果当你用理直气和法去指出或批评别人的缺点、错误时，需要注意以下几点：

1. 从正面称赞入手，然后再转入你要指出或批评的问题。

2. 间接友善地提醒别人的错误和缺点，启发当事人自己纠正。

3. 在指出或批评别人的错误和缺点时，要善于保住别人的面子，给别人台阶。

俗话说："良言一句三冬暖，恶语伤人六月寒。"揭人的短、伤人的自尊心是令人难堪的。在人与人之间的交往中，千万要维护别人的自尊，即使人家有错误，也应该在适当的场合婉转地给人指出。

明太祖朱元璋出身寒微，做了皇帝后自然少不了有昔日的穷哥们到京城找他。这些人满以为朱元璋会念在老朋友的情分上给他们封个一官半职，谁知朱元璋最忌讳别人揭他的老底，以为那样有损自己的威信，因此对来访者大都拒而不见。

朱元璋儿时的一位好友，千里迢迢从老家凤阳赶到南京，几经周折才算进了皇宫。一见面，这位老兄便当着文武百官大叫大嚷起来："朱老四，你当了皇帝可真威风呀！还认得我吗？当年咱俩一块儿光着屁股玩耍，你干了坏事总是让我替你挨打。记得有一次咱俩一块儿偷豆子吃，背着大人用破瓦罐煮。豆子还没煮熟你就先抢起来，结果把瓦罐打烂了，豆子撒了一地。你吃得太急，豆子卡在喉咙里还是我帮你弄出来的。你忘了吗？"

这位老兄还在喋喋不休唠叨个没完，朱元璋却再也坐不住了，心想此人太不知趣，居然当着文武百官的面揭我的短处，让我这个当皇帝的脸往哪儿搁？盛怒之下，朱元璋下令把这个穷哥们儿杀了。

"为尊者讳"，这是官场的一条规矩。一个人，无论他原来的出身多么低贱，有过多么不光彩的经历，一旦当上了大官，爬上了高位，他身上便罩上了灵光，变得神圣起来。往昔那见不得人的一切，要么一笔勾销，永不许再提；要么重新改造、重新解释，赋予新的含义。这位穷哥们儿哪懂得这一点，自以为与朱元璋有旧交，居然当众揭了皇帝的老底，触犯了"逆鳞"，岂不是自找倒霉吗？

朱元璋原本是泥腿子出身，早年当过和尚，后来又参加过推翻元朝统治的红巾军起义。这些经历在朱元璋看来都是卑微的。朱元璋因当过和尚，对"光"、"秃"一类的字眼十分忌讳；因红巾军被统治者说成是"贼"、"寇"之类的组织，朱元璋便对这些字眼也极为反感。最具有代表性的例子是，杭州徐一在《贺表》里写了"光天之下，天生圣人，为世作则"几个字，朱元璋读了勃然大怒，说："生者僧也，骂我当过和尚。光是削发，说我是秃子。则者近贼,骂我做过贼。"于是,立即下令把徐一处死。洪武年间,大兴文字狱,唯一幸免的文人是翰林院编修张某。他在作贺表文里有"天下有道"、"万寿无疆"两句话,朱元璋看了发怒说:"这老儿竟骂我是强盗呢!"差人逮来当面审讯。张某说:"天下有道是孔子说的,万寿无疆出自诗经,说臣诽谤不过如此。"朱元璋被顶住了,无话可说,想了半天才说:"这老儿还这般嘴硬,放掉罢。"左右侍臣私下议论:"几年来才见饶了这一个人。"

揭皇上的短,要遭杀头。其实不光揭有分量的人物的短或遭到厄运,即便揭平常人的短也会遭人痛快,让彼此都不愉快。

俗话说:"打人莫打脸,骂人莫揭短。"中国人最爱面子,"人活一张脸,树活一张皮"。揭他人不光彩的过去是对他人的不敬重,也是自讨没趣的做法。

职场谋略篇

第一章
工作态度：活着一分钟，战斗六十秒
——节制但不保守，进取但不冒进

窍门满地跑，就看找不找

在工作和生活当中，普遍存在着解决问题的小窍门。因为解决的问题的方法有多种多样，如果我们能找到比较快捷灵巧的方法，那么解决问题的时候就显得简单方便得多了。正应了一句老人言："窍门满地跑，就看找不找。"

在英国美丽的乡下，有一条小溪蜿蜒地流过农场。有一天，两个小男孩想去小溪的对岸去摘果子吃，可是，小溪水挡住了他们的去路。其中一个高个子的男孩，径直的走到小溪边，脱下鞋子，想试着趟过去，可是溪水有点深，他试了几次都退了回来。另一个矮小的男孩却站在岸边思索了片刻，决定绕道去，因为一公里开外的地方有一座独木桥。

老人言

半天的工夫,这个矮小的男孩绕过了小桥,去到对岸,摘到了红红的果子,开心地吃了起来。而另一个高个子男孩还在那里坚持着蹚水。

其实,很多时候,成功并不是仅仅有了勇气、坚持不懈就能达成,多动些脑筋,多用些智慧,就少跑些冤枉路,成功比想象的来得容易得多。在我们日常的工作中,做事的态度很重要。同样的工作,用不同的态度去做,会干出不同的效果;而干同样工作的人,也会有不同的收获。

杰克和约翰同时在一家店铺做学徒工,一样的勤劳工作,拿着一样的酬劳。可是一段时间后,约翰被提拔做了分店铺的主管,而杰克却仍在原地踏步,做着学徒工。

杰克很不满意老板的不公正待遇,他感觉自己在工作上比约翰卖力多了。终于有一天,他到老板那儿发泄自己的不满。老板一边耐心地听着他的抱怨,一边在心里盘算着怎样向他解释他和约翰之间的差别。

"杰克,你听着,"老板说话了,"你去集市走一趟,看看今天早上有什么新鲜的蔬菜在卖。"

不一会儿,杰克从集市上回来向老板汇报说:"今早集市上一个农民拉了一车土豆在叫卖,土豆看着很新鲜。

"土豆有多少斤?"老板问。

杰克一愣，赶快又跑到集市上，然后回来告诉老板说一共有40袋土豆。

"价格是多少？"

杰克第三次跑到集市上问来了价格。

"好吧，"老板对他说，"现在你坐在那里，别说话，看看约翰怎么做的。"

约翰也从集市上回来了，对于老板问的同一个问题，他向老板汇报说，到目前为止只有一个农民在卖的土豆是最新鲜的，一共40袋，价格是40美分一袋；土豆的表皮光滑，色泽圆润，是上好的土豆，并且他还带回来一个让老板看看。这个农民说，下午他还会运来几篮子西红柿，价格也会非常公道。约翰还说，昨天老板铺子的西红柿销量很好，库存已经不多了。他想这么便宜的西红柿老板可能想要买几篮子，所以约翰不仅带回一个西红柿做样品，而且把那个卖土豆和西红柿的农民也带来了，他现在正在外面等着跟老板面谈呢。

此时老板转向杰克，对他说："现在你知道为什么约翰能胜任主管的职位了吧？"

我们在平时工作中，也要有多思考，少蛮干。工作遇到难以处理的问题，多与同事和前辈们沟通，多想一些合理地解决问题的方法和途径，不要一味埋头苦干，那样不仅会弄得自己身心疲急,而且事情还会事倍功半。

在社会上,但凡有点成就的人,都懂得"找到最有效的工作方法"对成功的重要性。

在美国,一个年轻人在一家石油公司工作,他所做的工作很简单,也很乏味,就是巡视并确保石油罐盖有没有自动焊接好。石油罐从输送带上缓慢移动到旋转台上,在那里,焊接剂便自动滴下,并沿着油罐盖四周转动一圈,流程就结束。接着,下一个油管移到过来,同样重复这道工序,再下一个到来……

这项工作时间久了,年轻人感到枯燥无味,心里厌烦极了。他很想自己能做一项有意义的事业,可是自己没其他的本事,也没经济基础,于是,也就作罢,坚持做着自己的这项工作。

一天,他发现油罐旋转一次,焊接剂滴落39滴,焊接工序就算完成了。他觉得,在一系列简单的工序中,有没有可以改善的地方吗?他观察了很久,后来发现,为什么不能让焊接剂少滴落几滴,但还能达到一样的效果呢?

于是,在工作之余,这位年轻人仔细钻研,终于研制出了37滴型焊接机。但是,试用一段时间之后发现,利用这种型号焊接出来的油罐,偶尔会漏油,并不是很完美。他再接再厉,经过一番努力,研制出了38滴型焊接剂,这次发明很成功,公司对他的这种机型很关注,不久之后,就采用了这种机型用于焊接工序中。这虽然只节省了一滴焊接剂量,但"一滴"却为公司带来了5亿美元的新利润。

这位年轻人,就是后来的石油大王——约翰·D·洛克菲勒。他找到了改善焊接工序的窍门,使自己的人生发生转变。我们在生活中也应该如洛克菲勒一样,勤于思考,善于发现,才能有所创新,有所成就。

世上无难事,只要肯攀登

没有人能一步到达山顶。真正达到人生顶峰的人,是一步一个脚印往前迈进,不管路途有多么的崎岖。"世上无难事,只要肯攀登",成功路上,不会都是坦途,总会遇到一些难事,但是遇到了困难的事,我们也不能就此被打消了锐气,从此畏首畏尾。要想,世上没有困难的事,路在自己脚下,不要畏惧艰难,勇往直前走下去,总会克服困难的。

1940年,对英国人来说那时一段非常艰难的日子:敦刻尔克大撤退后,希特勒已将自己的纳粹势力扩展到了西欧的大部分地区。在这种情形下,丘吉尔为了鼓舞英国人民的斗志,安慰他们恐惧和不安的心灵,发表了重要的演讲。

这些演讲甚至在我们今天阅读它们的时候,也让我们内心充满面对人生任何困难永不放弃的决心。正如这句："世上无难事，只要肯攀登。"

"虽然欧洲的大部分土地和许多著名的古国已经或可能陷入了盖世太保以及所有可憎的纳粹统治机构的魔爪，但我们绝不气馁、绝不言败，将战斗到底。我们将在法国作战，我们将在海洋中作战，我们将以越来越大的信心和越来越强的力量在空中作战，我们将不惜一切代价保卫本土，我们将在海滩作战，我们将在敌人的登陆点作战，我们将在田野和街头作战，我们将在山区作战。我们绝不投降。"

这些演讲让每个听演讲的英国人内心充满坚定的信念，这些演讲字字真谛，进入了英国人的灵魂深处，唤起了潜伏在每个英国人内心的雄心。

爱迪生说："我最需要的，就是做一个能尽我所能的人。尽我所能，那是我的问题；不是拿破仑或林肯的所能，是尽我所能。我能够在我生命中贡献出最好的，抑或是最坏的，能够利用我能力的10%、15%、25%，抑或90%，这对于世界，对于自己，都可以生出很多差异来。"

在我们日常生活中，很多人是登山运动的爱好者，但很少有人能挑战自我，达到顶峰。关于"人为什么要去登山"这样的问题，英国人乔治·马洛里的回答一直被全世界奉为经典，"因为山在那里"——的确，我们人生的道路上，山存在了，我们要做的就是勇攀高峰，才能继续下面的路。如果我们见到了山，退缩了，那么我们永远走不到终点，跟着远山的呼唤，迈步走向山的那一边进发。

一位熨衣服的工人，周薪只有几十美元，他们一家住在拖车改造的房子里，他的妻子收入也很低，他们的生活很艰苦。

一天他们的孩子耳朵发炎，他只好把家里的电话撤掉，省下前来为孩子买抗生素治疗。

虽然日子清贫，但这位工人有个远大的梦想，就是希望自己成为一名作家。于是他利用自己工作之外的时间不停地写作，家里要是省下点钱也被他拿来打印稿纸，用来付邮费，寄稿子给出版社。但是他的稿子一概都被退了后来，理由也很简单，小说结构上很死板，没有新意。

一天，他读到一部小说，这部小说风格与自己以前的写的一本小说风格很类似，兴许有希望。于是，他把自己的小说寄给了那本小说的出版社，那家出版社把他的这本小说拿给了皮尔·汤姆森。

几个星期之后，这个工人收到了汤姆森的来信，信中大意是：这份原稿瑕疵太多，但是他觉得此书作者很有作家的天分，不要气馁，要坚持写下去。

在此后的两年内,他先后又写了两部小说,但都被出版社退回。他还是坚持,他开始写自己的第四部小说,不过由于生活的窘境,他渐渐开始怀疑自己的写作之路到底对不对。

一天夜里,他偷偷把自己的小说,扔进了垃圾桶。第二天,他的妻子又把它捡回来,对他说:"你是很有天分的,不要为了别人不赏识你就中途退缩,尤其是你快要成功的时候。"

他听妻子这话,也在犹豫,但是最终坚持下来,因为他认为只要有人相信自己能行,那就要坚持下去,不管这个路多难。

他写完自己的第四部小说,把它寄给了汤姆森,也对此没抱多大希望。

他成功了,汤姆森出版公司预付了2500美元给他。这部小说就是大名鼎鼎的史蒂芬·金的《嘉莉》。这部小说后来卖掉了500万册,并被拍摄成电影,成为1976年最卖座的电影之一。

斯蒂芬·金,在攀登了人生的第一座大山之后,一发不可收拾,先后出版了几十本恐怖小说,成了现今最为流行的恐怖小说家之一。

对于每个人,上帝给予我们一个生的机会,同时也赋予了我们同样的处事环境,但至于一个人到底有怎样的造化,这要看个人的努力。如果你的人生遇到了很多磨难,那是因为上帝想给你更辉煌的人生机遇。面对生活的困难,不要回避,勇于攀登,定会成功!

人生如同攀登高峰，在你奋力向上攀爬的时候，可能遇到狂风，也可能会有雪崩，但不要害怕，心中只要有勇敢的信念，就一定能到达顶峰，俯瞰芸芸众生。

工作中，我们也不可能总是阳光灿烂，必然会有乌云密布的恶劣天气，也会有崎岖泥泞的险路。这时候，你更需要的就是坚定的信念。如果，你并不是池中之物，那你更应该懂得，能够在华山论剑的，一定是有着"天不怕，地不怕"信念的勇士。我们也要养成，在难题面前绝不退缩，在疲惫之时绝不懈怠，在闲暇时间绝不松弛的习惯，时刻准备着往自己的生命制高点进发，相信在不久的将来，一定会有拨开云天见明月之时。

行不行，先尝试

一个人成功的关键在于尝试。只有敢于尝试，理想才能变成现实；只有在不断的尝试中，你才能一步一步地走近成功；只有通过艰难的尝试，你才会看到事情的结果。不要总是问自己结果会怎样，到底行不行，你得尝试过后才知道。

有很多人这样说："成功始于想法。"但是，只有好的想法，却没有进行尝试，看它是不是真的可行，结果还是不可能成功的。好的想法就像种子，不去培育它，它就只能保持最初的样貌，毫无进展；只有立即行动，它才会长成幼苗，长成参天大树，结出累累硕果。当然，在幼苗成长的过程中免不了要遭遇凄风冷雨的摧残，甚至可能在冰雹、干旱等等恶劣条件下夭折。你的尝试也不一定总能一下子成功，但你确实为之努力奋斗过，那就足够了，因为你获得了与成功同样宝贵的东西——经验。有了这种财富，你便知道如何去避免再次失败，你就已经向成功迈进了一大步，这一切的一切，都是尝试的结果，它将改变你的人生，扭转你的命运。

有多少人可以始终保持尝试的热情呢？

最伟大的发明家爱迪生为了尝试从黄金葛中提炼出橡胶，居然做了10000多次实验。我们能够知道这一点，是因为他在笔记本中记录了每一次实验的过程。在这些实验的过程中，爱迪生曾向一位记者提到，他已经进行了5000次实验。当记者大为惊讶，脱口而出："你的意思是，你已经犯了5000次错误了吗？"爱迪生摇摇头，平静地说："不是这样。我们已经成功地掌握了5000种并不适合的方法。"

对于爱迪生来说，5000次的尝试，实际上是5000次的成功，因为他证明了5000种不能从黄金葛中提炼出橡胶的方法。然后他才能继续尝试下去，直到最终成功。

以这样惊人的勇气和毅力，爱迪生取得了一生中的1093项专利，包括电报、现代化的打字机、实用的电话、第一台留声机、家用白炽电灯泡、第一台发电机、电影、储备式电池、混凝土搅拌机、录音机、油印机等改变人类生活的伟大发明。我们可以想象得到，每一项成果的问世都经历了多少次艰难的尝试，可以肯定地说，正是因为尝试，才能创造出这一个又一个伟大的奇迹。

很多人在尝试做一件事的时候，总是希望得到一种保证，希望一次就能成功，其实这是不可能的。在条件还不成熟的情况下，失败肯定在所难免。但是如果你有一种学习的态度，每次的失败一定会让你变得更加聪明。事实上，每一次尝试、每做一件事对我们都是好的，因为从失败中可以学习到很多经验。重要的不是你尝试做什么，而是你怎么去想。你所尝试做的事情都能让你得到教育，让你能够有正确的思考方式，让你变得更聪明。当你尝试成立一个公司的时候，你可能已经知道会失败，但是当你失败的时候，你已经变得更聪明了。尝试失败可能是让我们更聪明的方法，因为我们都不是天才。

你一定要让自己振作起来，要敢于去尝试，不要想想就算了。一件事情的背后往往会遇到很多新的机遇，而这些机会不去尝试是不会遇到的。你所跨出的每一步，往往会给你下一步的人生带来很大的改变。

老人言

人生就像我们蹒跚学步的时候一样，每一次尝试，每跨出一步都是一种改变，都是一种新感觉，都会有一种意外的收获和喜悦。不去尝试就没有机会。

只要你始终保持尝试的热情，奇迹就不远了。

刀不磨要生锈，人不学要落后

一只蜜蜂要酿造一千克的栀子花蜂蜜，需要采集100万朵栀子花的花蜜，假若采蜜的花丛与蜂房之间的平均距离是1.5公里，它就得累计飞行45万公里，差不多等于地球赤道总长的11倍。这正体现了"勤奋"。

这只蜜蜂要酿造一千克的油菜花蜂蜜，也需要采集100万朵油菜花的花蜜，只是油菜花丛距离蜂房更远，已经越过小河的对岸去了，这只蜜蜂仍然像往常一样飞行1.5公里，在小河这边的枯萎的栀子花丛中寻找油菜花。结果这只蜜蜂没有完成采蜜任务，失望地错过了整个油菜花采蜜季节。这样就不仅仅是"勤奋"二字能够解决问题了？

这只蜜蜂的错误有二：

其一，栀子花丛已经枯萎，已经不可能采到花蜜，采蜜光靠勤劳是不行的。

其二，这只蜜蜂安排的任务是采集油菜花花蜜，它没有探索新的路线，结果还是按照自己旧的思路去做，必定是要失败的。

正如一个人，虽然懂得勤奋对于一个人的成长的重要性。如果不时刻保持清醒的头脑，与时俱进，就不能掌握最新的科学技术，就会对周围环境反应迟钝，不能适应环境的新变化，最后会被社会所淘汰。因此我们不能放松自己，时刻保持旺盛的学习劲头。

列夫·托尔斯泰说过："要有生活的目标，一辈子的目标，一段时期的目标，一个阶段的目标，一年的目标，一个月的目标，一个星期的目标，一天的目标，一个小时的目标，一分钟的目标。"

总之，人生就要有目标。我们在执行目标的时候，也不要一味固守先前的经验或已获得的知识，要按照时代或环境的需要，随时不断学习和实践，这样才能在完成自己目标的道路上，时刻保持与时俱进的头脑，成功才不事倍功半。

罗德岛围墙已经存在了一个多世纪了，这堵墙是由大理石一块一块砌成的，之所以有名，不仅在于它的坚固的外观，更多的在于它的艺术价值。一块块大理石在能工巧匠的手中，变成了精美的雕像，直到现在仍然令人惊叹。这堵墙是住在罗德岛的一个人耗费大量时间砌成的，挑选的每一块大理石都是经过他自己考虑，研究它们的特征，最后斟酌着把它们放在最佳的位置上。等到砌成后，他又对这堵墙进行不同角度观察分析，最终倾尽后半生才最终完成这项巨大的"作品"。

石墙完成之后，吸引了世界各地的人，前来一睹石墙的艺术魅力，他也很乐意为大家讲解每一块石头的来历，似乎这些石头每块都有它们特有的生命力。

他用自己的双手，为自己赚来了很多的财富。他认为，以后他的孩子继承的不应该是这些财富，而是自己这种隐含在财富之中的技巧、洞察力和创新的思维。因为财富是可以用尽的，可是这种创造财富的精神是取之不竭的。

上面这位罗德岛的人，他在雕琢这些雕像的时候，要是仅仅关注每一块雕像的特点，没有在砌成石墙之后，再整体上把握每块石头在石墙中的合适位置，那也是不能有这么完美的作品问世的。因此我们在做每件事情的时候，不能觉得一开始完美，就始终是完美的，我们要用发展的眼光看待周围的世界，要不断地学习。因为"刀不磨要生锈，人不学要落后"。

工作宜赶不宜急

工作是忙不完的，所以工作要"赶"，但不要"急"，应该忙中有序地赶工作，而不要紧张兮兮地抢时间。任何事积累到一定程度都会形成压力,心中背负着太多东西的人往往容易乱了分寸,无法静下心来理清思路,所以容易焦躁、抱怨,甚至愤怒。与其被忙不完的工作所驱使,不如在自己的能力范围之内,坦然面对,做得到的去做,做不到的不强求。

积极的职场人,总是能够将手头的工作理出大小内外,轻重缓急,从而按部就班,有次序地一件一件解决,这样做,既可以保证工作速度,又能保持从容不迫的心情。

有一个农夫挑着一担橘子进城去卖。天色已晚,城门马上就要关了,而他还有二里地的路程。这时迎面走来一个僧人,他焦急地赶上前去问道:"小和尚,请问前面城门关了吗?"

"还没有。"僧人看了看他担中满满的橘子,问道,"你赶路进城卖橘子吗?"

"是啊,不知道还来不来得及。"

僧人说:"你如果慢慢地走,也许还来得及。"

农夫以为僧人故意和自己开玩笑,不满地嘀咕了两声,又匆忙上路了。他心中焦急,索性小跑起来,但还没跑出两步,脚下一滑,满筐橘子滚了一地。

僧人赶过来,一边帮他捡橘子,一边说:"你看,不如脚步放稳一些吧?"

农夫急于求成,一味求快,结果却恰恰相反。工作亦是如此，积极与速度并非同义词，速度与效率也往往不成正比，与其在手忙脚乱中浪费时间，不如张弛有度，井然有序地设计好每一步要踏出的距离。一味求快，往往会造成恶果。

"涓流积至沧溟水，拳石垒成泰华岑。"这一出自宋代陆九渊《鹅湖和教授兄韵》的诗句劝喻人们：涓涓细流汇聚起来，就能形成苍茫大海；拳头大的石头垒砌起来，就能形成泰山和华山那样的巍巍高山。只要我们一步步勤勉努力地往前赶，就能够到达梦想的彼岸。

有一个小和尚，在树林中坐禅时看到草丛中有一只蛹，蛹已经出现了一条裂痕，似乎就能看见正在其中挣扎的蝴蝶了。

小和尚静静地观察了很久，只见蝴蝶在蛹中拼命挣扎，却怎么也没有办法从里面挣脱出来，几个小时过去，小和尚依然坐在那里静静地看着。

这时候，护林人家的孩子跑了过来，看到地上挣扎的蛹，不由分说地捡起来将蛹上的裂痕撕得更大了，小和尚甚至来不及阻止。

小孩子数落着和尚："师父，你是出家人，怎么连点慈悲心也没有呢？"

小和尚无奈地叹了口气，说道："你为何这般性急呢？蝴蝶还没有着急，你为什么这么鲁莽地改变它的生命呢？"

果然，当蝴蝶出来之后，因为翅膀不够有力，变得很臃肿，飞不起来，只能在地上爬。

孩子本想帮蝴蝶的忙，结果反而害了蝴蝶，正是"欲速则不达"。由此不难看出，急于求成只会导致最终的失败。所以，我们不论是在工作，还是在生活中，都不妨放远眼光，注重积累，厚积薄发，自然会水到渠成，实现自己的目标。

很多人在工作中都会像那个孩子一样，急于求成，急于看到结果，恨不得揠苗助长，最后导致工作做得一塌糊涂。

现代职场人，并非高速运转的现代机器，莫不如以一种骑士精神尽展潇洒，纵横驰骋于纷乱的生活，却保持一种美丽的心情，采一柱大漠的孤烟映照黄昏的落日，捉一轮浑圆的清月放飞自由的心灵！对于"一万年太久，只争朝夕"的人来说，最容易犯的毛病就是"欲速则不达"。放眼整个社会，大多数人都知道这个道理，而最终背道而行的人仍是大多数。

三个臭皮匠，赛过诸葛亮

美国心理学家特里普利特做过一个"群体效应"的实验，这个实验项目是选择骑自行车：一是一个人单独骑，二是有人陪伴一块骑，三是与人比赛骑。同一个人在三种情况下产生的结果是：

老人言

有人陪伴着一块骑车的速度比单独一个人骑的速度能提高30%，与人比赛骑的速度又比有人陪伴骑的速度提高5%。这种一个人与他人一起协作，使效率大大提高的现象叫作社会助长作用。

心理学家奥斯博瑞提出一种理论：头脑激励法，证实群体增长智慧。具体做法是：大家围坐在一起，主持人提出一个问题，鼓励现场每位成员提出各自的看法，任意从各个角度思考，畅所欲言，互相不要批评、指责，自由地讨论。在讨论中他人的一些看法或意见，很能启发自己，使之展开发散性思维去想象，从而提出比个人独自思考时高出两倍的意见数量。该做法起到了启发智慧、集思广益的效用，并提出多种创造性解决问题的方法。

群体的力量是无穷的，能成大事者，必要有群体相助。这也是俗语中说的"三个臭皮匠，赛过诸葛亮"，其中体现的精髓是：三个天资平庸的人，若能同心协力，也能赛过诸葛亮的谋略，比喻人多智慧多，遇到事情大家一块集体商量对策，就能制定出好的计策。

"三个臭皮匠，赛过诸葛亮"，原来是有典故的：

《三国演义》中，诸葛亮答应周瑜，要造十万支箭用于破曹，谋划了"草船借箭"之计。当日利用天气的优势，诸葛亮命手下的三个裨将，在二十艘小船的两边都安上草靶子，再以布幔遮盖。这三个裨将布置完后，回报军师诸葛亮，并提出他们的布置可能会让曹军看出破绽。三人齐心共同商量了一计，但没有给诸葛亮说，偷偷安排好了，第二天领诸葛亮来查看效果。诸葛亮到了那里，只见每艘小船的船头都立着两三个稻草人，套上衣服、带上帽子，看起来就像真人一样。果不然，曹军中计了，诸葛亮达到了目的。从此便有了"三个臭皮匠赛过诸葛亮"一说，然而此"皮匠"非彼"裨将"，"皮匠"实际是取自"裨将"的谐音，"裨将"在古代是"副将"之意，这句俗语本意是指三个副将的智慧加在一起就能顶一个诸葛亮。后来，在流传过程中，人们竟把"裨将"说成了"皮匠"。

虽说这句话，被以讹传讹了，但是没有改变寓意，说的就是人多办法多，集思广益才能制订出好的计划。但是，要赢过诸葛亮这位知识渊博的人，我们要具备一些因素：

首先，术业有专攻。在职场中，三个臭皮匠不敌一个诸葛亮的事我们也见得不少。俗话说，隔行如隔山，三个皮匠再有能耐也不可能操作计算机编程？反过来，三个会计算机编程的加起来能比一个皮匠处理皮革熟练吗？这里"三个"，"一个"并不是指简单的数字累加，而是指三个相加在质量上等于一个。也就是说，三个人只要在一个领域努力学习专业知识和经验，这样才能掌握事情的重点和难点，对于这一领域的事情才能有一个透彻的看法。

其次，集思广益，多听取他人合理的建议。俗话说，一人计短，两人计长，一个人在工作中，看问题往往不够全面深刻，要是能多听取其他人的建议，集思广益，就可以从总体上把握事情的关键，制定出合理有效的工作方法。在企业里面，往往都是一个小团体分工合作一个项目的研究和开发，这样做的目的就是怕某个方法会出现偏差，大家一起讨论制订计划，有了问题，大家一起商量对策，就不至于在工作中，造成不可避免的失误，从而浪费很多宝贵的时间。

再次，在处理问题的方式上，大家要同等。三个"裨将"为什么能赛过诸葛亮呢？那是因为他们三人的地位是平等的，没有地位和身份的局限，在商量的过程中就可以各抒己见，毫不避讳，遇到偏颇的意见，也敢于反驳，敢于提出中肯意见。工作中，我们有主管、经理、总裁，他们是领导，是决策者。在工作方案的制订上，一定不要自恃职位高，就固执己见，一定要集思广益，听取下面人好的建议和意见，这样才能把事情做好。

侥幸一阵子，受害一辈子

曾国藩刚刚兼任刑部左侍郎，曾经遇到了一件麻烦事。

一天，有一位同乡来他的府上拜访。这位同乡在某地任知府,平日里很少往来,此时突然来访,还带着一箱金子,曾国藩马上感觉到有什么事情要发生。

果然,话没有说几句,那位知府就讲出了他此行的目的。原来,知府的侄子自恃生在官宦世家,平日里被宠坏了,总是做一些打架斗殴的勾当,如今他与别人为了争夺一个头牌歌姬,不小心失手杀了人。死者的家属得知此事,将知府的侄子告到了官府,被知府压了下来。但是知府能够控制了一时,却不能在此事上有更进一步的定夺,想来想去,也只有曾国藩能够帮他这个忙,保住他侄子的性命。

曾国藩听闻此事,就安慰知府说:"你先回去。既然是误杀,官府一定会给你侄子一个说法的,不会有事的。"知府见状,忙给曾国藩递上金子,说:"只要曾大人一句话,我侄子的性命就能够保住了。"曾国藩无论如何也不肯收他的金子,可是知府哪里肯将送来的金子再拿回去?留下了箱子,自己迅速离开了。

曾国藩看知府这番举动,心里顿时犯了嘀咕:按说,如果是误杀,知府不应该这么紧张,况且也用不着送上这箱金子啊。这其中一定还有什么不可告人的秘密。想到此处,曾国藩赶紧派人去调查。

果真不出曾国藩所料。这个知府的侄子仗着有叔父撑腰,平日里横行乡里,鱼肉百姓,欺男霸女,无恶不作。老百姓都恨透了他。曾国藩知道后非常气愤，下令一定要严惩那个恶贼，还要弹劾知府。

从这件事情中，曾国藩想到了自己在家乡的兄弟侄子。官宦人家的孩子总是存有一种侥幸心理，觉得有人给自己撑腰，就可以随意妄为，想做什么就做什么。可是，这样想的结果常常是害了自己。于是，他写信叮嘱自己的亲属，做事情一定要脚踏实地，不能因为存在侥幸心理，就放任自己的行为。

不仅在对待生活方面，曾国藩提倡远离侥幸心理，在军事上，他也十分注重实力的修炼。为此，他一直强调说："至军事之成败利钝，此关乎国家之福，吾惟力尽人事，不敢存丝毫侥幸之心，诸弟禀告堂上大人，不必悬念。"正是因为远离侥幸心理，曾国藩以文人的心态自修，以武将的心态战斗。

远离侥幸心理，只有脚踏实地才能一步一步走向成功。很多人把事情的成功与否寄托在运气上，如果没有达成自己的心愿，就责怪自己时运不佳，这其实是没有道理的。俗话说，一分辛苦一分收获，只有全身心地投入到对自己实力的修炼当中，我们才能逐渐完善自己，最终战胜种种困难，到达成功的彼岸。相反地，侥幸一时，有可能耽误我们一生的发展。因为获得过于容易，就不知道努力，也就不懂得珍惜了。

提到侥幸，有的人以为孙武的智慧就是从别人的身上找破绽，而不赞成强大自己。这是对《孙子兵法》的一种误解，孙武的"慎战"思想中，最重要的部分就是强调如何强大自己，也就是"内修"。

让自己变得强大起来，而不要存在侥幸心理，期望不幸和困难不来进犯，这也是我们应该学习的一种生活态度。曾经有一位作家在自己的传记中写道："我不祈求上帝让我平安无事，我只祈求上帝在考验我的同时，赐予我战胜困难的勇气和力量。"真金不怕火炼，只要我们准备充分，拥有战胜苦难的实力，无论何时都能够经受住考验。

怎样让自己实力雄厚呢？首先，我们的第一步就是要战胜侥幸心理。生活中处处都是侥幸心理的影子，考试之前猜题、押题，考试时作弊；在口头表达上，经常使用"可能、也许、万一、大概"之类的词汇；总是期待着"意外收获"；不肯脚踏实地地努力，反而将成功的希望寄托在"好运"上。

提高实力的第二步，就是要看到实力的积累是一个长期的过程，需要耐心和恒心。我们来看一看这样一组数据：左思写《三都赋》、曹雪芹写《红楼梦》用了10年；司马迁写《史记》用了15年；达尔文写《物种起源》用了20年；歌德写《浮士德》用了60年……几乎所有的伟大作品和伟大发明都不是几天之内完成的，需要长久的积累和准备。

侥幸有时候会带给我们惊喜,更多时候是一种始料未及的失败。面对事物时不做好准备工作,却希望能够幸免,无疑是对自己的不负责任。将人生大厦建立在侥幸上,犹如空中楼阁、水中花月,只有远离侥幸,我们才能处世稳妥,也才能逐步实现自己的目标,把握自己的命运车轮。

三分苦干,七分巧干

人们常说:一件事情需要三分的苦干加七分的巧干才能完美。意思是行事时要注重寻找解决问题的方法,用巧妙灵活的方法解决难题,胜于一味地蛮干。也就是说,"苦"的坚韧离不开"巧"的灵活。一个人做事,若只知下苦功,则易走入死胡同,若只知用巧,则难免缺乏"根基",三分苦干加上七分巧干才能达到自己的目标。

王勉是一家医药公司的推销员。一次他坐飞机回家,竟遇到了意想不到的劫机。通过各界的努力,问题终于得以解决。就在要走出机舱的一瞬间,他突然想到:劫机这样的事件非常重大,应该有不少记者前来采访,为什么不好好利用这次机会宣传一下自己公司的形象呢?于是,他立即从箱子里找出一张大纸,在上面写了一行大字:"我是××公司的××,我和公司的××牌医药品安然无恙,非常感谢救了我们的人!"他打着这样的牌子一出机舱,立即就被电视台的镜头捕捉到了。他成了这次劫机事件的明星,很多家新闻媒体都争相对他进行采访报道。

等他回到公司的时候,受到了公司隆重的欢迎。原来,他在机场别出心裁的举动,使得公司和产品的名字家喻户晓了。公司的电话都快打爆了,客户的订单更是一个接一个。董事长当场宣读了对他的任命书:主管营销和公关的副总经理。之后,公司还奖励了他一笔丰厚的奖金。

王勉的故事说明了一个非常深刻的道理,就是做任何事情都要将"苦"与"巧"结合起来。"苦"在卖力,"巧"在灵活地寻找方法,只有这样,才最容易找到走向成功的捷径。

陈良出生在一个穷困的山村,从小家里就很困难。17岁那年,他独自一人带着8个窝窝头,骑着一辆破自行车,从小山村到离家100公里外的城里去谋生。他好不容易在建筑工地上找到了一份打杂的活儿。一天的工钱是2元钱,这对他而言只够吃饭,但他想尽法每天省下1元钱接济家人。尽管生活十分艰难,但他还是不断地鼓励自己会有出人头地的一天。为此,他付出了比别人更多的努力。2个月后,他被提升为材料员,每天的工资加了1元钱。

靠着自己的不懈努力,他逐步站稳了脚跟。他认为:要想更多地得到大家的认可，就不能只靠苦干默默地付出，更要靠巧干努力地寻找办法，以尽快地得到提升。那么，怎样才能做到这点呢？冥思苦想之后，他终于想到了一个点子：工地的生活十分枯燥，他想，能不能让大家的业余生活过得丰富一点呢？想到这点，他拿出自己省下来的一点钱，买了《三国演义》《水浒传》等名著，认真阅读后，讲给大家听。这一来，晚饭后的时间，总是大家最开心的时间。每天，工地上都洋溢着工友们欢心的笑声。

一天，老板来工地检查工作，发现他有非常好的口才，于是决定将他提升为公关业务员。

一个小点子付诸实践后就能有这样的效果，他备受鼓舞。于是，他便将主动找方法的特长，运用到工作的各个方面。

对工地上的所有问题，他都抱着一种主人公的心态去处理。夜班工友有随地小便的习惯，怎么说都没有用，他便想尽各种方法让大家文明上厕；一个工友性格暴躁，喝酒后要与承包方拼命，他想办法平息矛盾，做到使各方都满意……

别看这些都是小事，但领导都看在眼里。慢慢地，他成了领导的左膀右臂。

由于他经常主动找方法，终于等来了一个创业的良机。有一天，工地领导告诉他，公司本来承包了一个工程，由于各种原因，难度太大，决定放弃。

作为一个凡事都爱"三分苦干,七分巧干"的人,他力劝领导别放弃。领导看他充满热情,突然说了一句话:"这个项目我没有把握做好。如果你看得准,由你牵头来做,我可以为你提供帮助。"

他几乎不敢相信自己的耳朵:这不是给自己提供了一个可以自行创业的绝好机会吗?他毫不犹豫地接下了这个项目,然后信心百倍地干了起来。不久,他便成立了自己的建筑公司,并且事业做得越来越大。

世上没有什么事是只凭蛮劲就能成功的,要加入自己的聪明才智,这样才能取得自己想要的结果。职场之中也是同样的道理,要想使自己的工作得到同事的赞赏、老板的表扬,就要多用智慧。

进攻才是最好的防守

商场如同战场,快一步则生,慢一步则死。面对困境,不能消沉沮丧,要像洛克菲勒一样积极主动寻求出路,将对方置于被动的地步,成功当然由你掌握了。

人生也是如此。处于困境时,不能坐以待毙,静等着对手将自己打败,要主动寻找走出困境的办法,快速进攻,不给对手任何逃脱的机会。

洛克菲勒使用大量资金扩大炼油生产量的同时,为了挤垮对手,他安排人去把一切可以装运石油的油罐列车以及油桶全部包租下来。但宾夕法尼亚公司垄断了油田和东部港口间的铁路货运,迫使洛克菲勒按其要求支付将煤油和其他产品运到东部市场的费用。洛克菲勒决定主动出击,解决这个问题。

1867年下半年,洛克菲勒派人会晤了中央铁路公司的新任副董事长,告诉他洛克菲勒公司不再通过运河运输石油,而保证通过他的铁路每天装运不少于60节车皮的石油,不过条件是在运费上打折扣。而中央铁路公司当时正面临美国运输业大幅震荡,恰好需要一个"承包"者。

于是,中央铁路公司答应了洛克菲勒的要求:从石油区装运原油到克利夫兰每桶35美分,从克利夫兰装运精炼油到东部海滨每桶13美元。

仅此一举,洛克菲勒不仅打破了宾夕法尼亚公司的垄断,而且在运费上也得到了极大优惠。

面对阻力,大胆进攻,最后取得胜利,是洛克菲勒的一贯做法。

1870年,美国铁路货车总装运量不断下降,那些受到经济不景气影响的铁路老板,为了解决困难,着手寻求为自由市场所能提供的更为有利的解决方法。他们设想：既然他们能够同最大的炼油商们合伙经营，分享利润，又何必忍受这种正在消耗着金钱的竞争局面呢？摸透了铁路老板们心理的洛克菲勒，立即与铁路老板们酝酿出一个方案。

根据该方案，各大铁路公司将与各主要炼油商们联合起来，共同安排石油的流通问题。运费将提高，但参加这个方案的成员则可以享受运费回扣，可以得到超过运费的补偿。

洛克菲勒立即将此方案付诸实施，着手组建了南方改良公司。该公司的运费以每桶24美分的优惠价格支付，而非成员的运费则要提高价格。

由于在南方改良公司的2000股中，洛克菲勒及其兄弟威廉占了1180股，这使得美孚石油公司在这个公司中享有的权利比其他任何一个股东都要多。洛克菲勒把这个方案视为一种手段，借以消灭美孚石油公司的竞争对手。

洛克菲勒的主动出击使对手们只有两个选择：要么把自己的企业解散并入美孚公司，要么最后在运费折扣制的压力下破产倒闭。

结果，洛克菲勒有效地垄断了整个美国的石油业。1880年，整个美国生产出来的石油，竟有95%出自洛克菲勒之手。

遇到阻力和困难时，选择退让只会让自己的"地盘"越来越小。在激烈的商战中，大胆进攻，扩大自己的市场份额，这样才会成功。

不担三分险，难练一身胆

俗话说："不担三分险，难练一身胆"，意思是说如果想要练就一身胆识，就应该去多经历一些风险。在生活中，我们更是应该遵从这个原则，做任何事时一定要去亲身经历，要敢于去尝试，而不应该畏畏缩缩，瞻前顾后，或者是只去想而不去做。

当我们想到成功喜悦的同时，应该先想到失败的可能，失败与成功可以说是一对孪生兄弟，一个人如果没有经历失败，那么他也就接近不了成功。

杨澜是我国著名的主持人。当她从北京外国语大学英语系毕业时，她和她的同学们一样在到处找工作。一天，她到中外合资的长城饭店去应聘市场销售部的岗位，日本籍经理对她的回答非常满意，于是就给了她一个提问的机会，结果她的提问让经理录取了她。"如果没有一个意外的机会，今天的我恐怕已经做了什么大饭店的什么经理，也许正带着职业的微笑，坐在一张办公桌后面呢。"杨澜所说的这个"意外机会"，是泰国正大集团结束了与几个地方台的合作，转与中央电视台共同制作《正大综艺》。

双方决定要挑选一位有大学学历的女主持人。当辛少英导演来到北京外国语大学选人时,杨澜就被系里推荐去应试。

第一批试镜的就达到了50多人。当轮到杨澜上场时,她想:"这么多广播学院、戏剧学院的美女在这里,我基本上没有什么希望了,但我也不能给学校丢脸。"接着,她往灯光下一站,奇怪的是,她一点也不感到紧张。试镜后,杨澜的机灵、学识、胆识给评委留下十分好的印象。导演认为她是有思想的,而且表现得很清纯。但是也有人觉得她"还不够漂亮"。于是剧组决定再从社会公开挑选主持人。杨澜也在接下来的几天里被要求一连试了5次镜。

一个星期后,杨澜被领进中央电视台的外宾接待室,里面坐着主管节目的领导和已经敲定的男主持人、著名相声演员姜昆。当她与一位漂亮的女孩站在一起接受考验时,她的好胜心被完全刺激出来。当被问及"你将如何做这个节目的主持人"时,杨澜很坦然地把自己的想法和盘托出:"我不认为主持人的主要标准是容貌,而是要看他是不是有强烈的与观众沟通的内心。我希望做这个节目的主持人,是因为我特别喜欢旅游。人与大自然相近相亲的快乐是没法用语言描述的,我要把这些感觉讲给观众听……"杨澜说得非常激动。当时,在场的人仿佛都被她镇住了,她最后也如愿以偿地当上了《正大综艺》的主持人。

老人言

无论是从女性角度还是传媒人身份来说,杨澜都是活得非常出色的。她从学生一跃成为中央电视台《正大综艺》节目主持人,然而正当红极一时的时候,她又毅然辞职去美国念书,回国后,她又到凤凰卫视主持《杨澜工作室》并兼栏目制片人,再然后她又创办了阳光卫视,她的每一次转型都是在挑战自己。杨澜说:"宁可在尝试中失败,也不愿在保守中成功!"

"不担三分险,难练一身胆。"杨澜不怕失败,不怕挑战,在一次次的尝试中挑战自己。正是她这种勇于探索,不断进取的精神才使得她不断地进步,最终成为家喻户晓的名人。

约·戈达德是美国历史上著名的探险家,在他15岁的时候,他还只是洛杉矶郊区一个没见过世面的孩子,但是,他心中充满了梦想,把自己一辈子想做的大事列了一个表,并命名为"一生的志愿"。

他在志愿表上列有到尼罗河、亚马孙河和刚果河探险;登上珠穆朗玛峰、乞力马扎罗山;要骑大象、骆驼、鸵鸟和野马,等等。他列的每一个项目都编了号,一共有127个目标要实现。

戈达德把梦想认真地写在纸上后,就开始抓住每一分每一秒,然后下定决心要让目标一一实现。

16岁那年,戈达德终于和父亲到了佐治亚州的大沼泽和佛罗里达州的埃弗格莱兹探险,从而完成他的志愿表上的第一个项目。

20岁时，他已经到加勒比海、爱琴海和红海里潜过水了，这年他还成为一名空军驾驶员，在欧洲的天空有了33次战斗飞行经验。

21岁时，他已经到过了21个国家旅行。就在他刚满22岁时，他来到了马拉的丛林深处，还发现了一座古代玛雅文化的神庙。

同年，他成为洛杉矶探险家俱乐部有史以来最年轻的成员，接下来他筹划着实现自己最重要的目标：探索尼罗河。终于，戈达德在26岁那年，和另外两名探险伙伴来到布隆迪山脉的尼罗河之源，又一次实现了他的目标。

紧接着，戈达德积极地完成了他志愿表上的目标：他乘皮筏漂流了整个科罗拉多河，造访了长达二千七百英里的刚果河，在南美的荒原、婆罗洲和新几内亚与食人族一起生活，爬上了阿拉拉特峰和乞力马扎罗山，就这样，他计划中的目标一件件地被实现了。

年近60的戈达德，依然显得年轻，他不仅是一个经历无数次探险的传奇人物，还成了电影制片人、作者和演说家。

戈达德在实现自己目标的过程中，有过18次死里逃生的经历。他说："这些经历让我学会了更加珍惜生活，而且凡是我能做的我都想尝试。我相信，每个人都有自己的目标和梦想，但并不是每个人都会努力去实现。"

勇敢尝试，就是迈向成功的第一步。戈达德的经历告诉我们只有经历过无数的尝试，才会得到人生，只有无数次地尝试，才会换来想要的成功。

每个人都应该生活在希望之中，做任何事都要去尝试，去实践。相反地，如果一个人只是得过且过地一天天混日子，心中没有任何希望，那么，他的生命实际上就已经停止了。只有担了三分险，才会换来一身的胆。

不怕百事不利，就怕灰心丧气

人的一生会经历很多的挫折，每个人都会遇到这样或者那样的困难。当我们遇到挫折时，我们不应该感到灰心丧气，知难而退；而是应该积极面对挫折，努力去战胜挫折，从而让成功降临。

每个人的一生或多或少、或大或小的都会遇到磨难和坎坷，而每一个人面对这些磨难和坎坷时都会有不同的态度，有的人百折不挠，一往无前，有人则犹豫不前甚至退避三舍。这不同的人生态度则会导致不同的人生道路，甚至于会塑造完全不同的个人命运。

"我的人生中只有两条路,要么赶紧死,要么精彩地活着。"这是无臂钢琴师刘伟的励志名言。刘伟10岁的时候,他因一场事故而被截去双臂。在他12岁的那年,他在康复医院的水疗池里学会了游泳,2年后,刘伟在全国残疾人游泳锦标赛上夺得了两枚金牌;16岁他学会了打字;19岁学习了钢琴,一年后就达到了相当于用手弹钢琴的专业七级水平;22岁他勇敢的挑战了吉尼斯世界纪录,一分钟打出了233个字母,成为世界上用脚打字最快的人;23岁时他就登上了维也纳金色大厅的舞台,让全世界都见证了中国男孩的奇迹。当袖管两空的刘伟走上舞台时,所有人都知道他要表演什么,但是没人能想象他究竟要怎样用双脚弹奏钢琴。当他坐到特制的琴凳上之后,优美的旋律就从他的脚下流了出来,他的十个脚趾在琴键上灵活地跳跃着,顿时,全场陷入了一片安静,每个人都在用心聆听这用毅力演奏的天籁之音。当刘伟表演结束之后,所有观众都起身为他鼓掌。刘伟的身后,站立着他的伟大的母亲。一个普普通通的家庭妇女,识字不多,但是懂得一个最基本的道理:这个世界没有什么可以依赖,除了他自己。刘伟没有让母亲失望。

令人欣慰的是,刘伟的自述《活着已值得庆祝》已经出版。而根据他的真实故事创作、由他和倪萍等主演的电影《最长的拥抱》已经杀青，倪萍说："我要买十本送给那些有胳膊的人看。"

感动中国推选委员易中天这样评价刘伟："无臂钢琴师刘伟告诉我们：音乐首先是用心灵来演奏的。有美丽的心灵，就有美丽的世界。"

推选委员陆小华是这样说刘伟的："脚下风景无限，心中音乐如梦。刘伟，用事实告诉人们，努力就有可能。今天的中国，还有什么励志故事能赶上刘伟的钢琴声。"

而感动中国组委会授予刘伟的颁奖辞是这样说的："当命运的绳索无情地缚住双臂，当别人的目光叹息生命的悲哀，他依然固执地为梦想插上翅膀，用双脚在琴键上写下：相信自己。那变幻的旋律，正是他努力飞翔的轨迹。"

刘伟面对生命给他的挫折，面对人生对他的严酷考验，面对没有双臂的巨大缺陷，他没有选择低头，没有惧怕挫折，他没有退缩。相反地，他勇敢地面对上天带给他的不公，他勇敢地回击了命运对他的折磨考验。面对人生的痛苦，他没有灰心丧气，他用自己的坚毅诠释了生命的重量。

一个人不怕起点低，不怕遭遇失败，就怕消极，怕灰心丧气。一个人千万不能被困难和挫折吓倒，相反地要鼓励自己去奋斗，要用实际行动来改变别人的看法。万事不利，不应该成为甘心平庸的托词，相反，应以此激励自己加倍的努力、要奋发向上，活出一个人样来。能改变自己人生的只有自己，而不是别人。无论处于何种生活境地，假如自己乐观开朗，积极上进，努力学习和工作，那么人生会变得五彩缤纷、绚丽多彩；假如自己悲观消极，失望落后，无所事事，不肯好好去学习和工作，那么人生会变得漆黑一片，苦不堪言。每个人都不要让自己生活在黑暗当中，而应该生活在阳光之下。

发明大王爱迪生出生于一个普普通通的劳动人民家庭，虽然他只读了3个月的书，但是他却非常喜欢发明。有一次，爱迪生在火车上做实验。因为他的不小心，很多的化学物品都倒在了地上，化学物品在遇到了空气后导致了火车起火。因此，火车司机给了他一个重重的耳光，把他的耳朵打聋了，并且把他的化学物品全部扔了。但他并没有因为这样而放弃发明，经过许许多多的失败，经历多次的困难，终于成为一名发明大王。其中爱迪生光发明电灯就经历了多达1600次的失败后才最终成功。

他从白炽灯开始着手试验。他把一小截耐热的东西装在玻璃泡里，当电流把它烧到白热化的程度时，便由热而发光。他首先想到碳，于是就把一小截碳丝装进玻璃泡里，可刚一通电马上就断裂了。

经过思考，爱迪生又想到用白金进行试验。紧接着，爱迪生和他的助手们用白金试了好几次，可这种熔点较高的白金，虽然

老人言

使电灯发光时间延长了好多，但不时要自动熄掉再自动发光，仍然很不理想。

爱迪生并不气馁，继续着自己的试验工作。他先后试用了钡、钛、锢等稀有金属，效果都不是很理想。

接下来，他与助手们将这1600种耐热材料分门别类地开始试验，还是采用白金最为合适。由于改进了抽气方法，使玻璃泡内真空。灯的寿命已延长到2个小时。但这种由白金为材料做成的灯，价格太昂贵了，谁愿意花这么多钱去买只能用2个小时的电灯呢？

爱迪生看到用棉纱织成的围脖，爱迪生脑海突然萌发了一个念头：棉纱的纤维比木材的好，能不能用这种材料？

他急忙从围巾上扯下一根棉纱，小心地把这根棉纱装进玻璃泡里，效果果然很好。爱迪生非常高兴，制造了很多棉纱做成的灯丝，进行多次试验。灯泡的寿命延长到13个小时，后来又达到45小时。

但是爱迪生仍旧没有满足，他的目标是希望亮1000个小时，最好是能够亮16000个小时，于是爱迪生不停地试验，终于让电灯亮的时间更长了。

就像爱迪生一样，做事一定要勇往直前，不怕艰苦，不怕困难，不管经历了多少次失败，都不放弃，最后你才能获得成功，并从中获得经验。在遇到同样的事情中，才能完成得更好，更出色。

"不怕百事不利，就怕灰心丧气"，各种挫折不可怕，可怕的是一颗屈服的心。面对各种困难时不要丧气，勇敢地去面对，你会发现只要有毅力不灰心丧气，困难最终会被踩在脚下。

第二章

竞争智慧：体魄和智慧是竞争的利剑

——在合作中竞争，在竞争中合作

一寸不牢，万丈无用

世间事，都是相互联系的，通常，一件事情当中的各个环节都存在一定的关系，彼此互为依靠，相辅相成，共同组成了一个整体。也正是因为这彼此的联系，才让这些事，这些物品，能够更加的紧凑，牢固，显得更和谐。因此，我们在做事的时候，就不能漏掉任何一个环节，哪怕那环节是微不足道的。不过，话虽如此，想要真正做到就有些难了。特别是面对那些小事的时候，往往都由于不够心细而忽略了，结果导致整个事情都没有做成，甚至是造成让人扼腕的后果。这不是危言耸听，而是每天都在时时发生的事情。关于这点，我们的祖先早就注意到了，人们常说的老话"一寸不牢，万丈无用"，说的就是这个道理。事实也确实如此，一样东西是否牢固，往往不在于其大多部分，哪怕一万丈中，有九千九百九十丈九分都是非常牢固的，只有剩下的那一分不够牢固，也很可能出问题。而这一分正是我们最容易忽视的那一部分。

在现代管理理论中，有一个著名的理论叫木桶理论，又称木桶原理或短板理论。它是由美国管理学家彼得提出，其核心内容为：一只木桶盛水的多少，并不取决于桶壁上最高的那块木块，而恰恰取决于桶壁上最短的那块。根据这一核心内容，"木桶理论"还有两个推论：其一，只有桶壁上的所有木板都足够高，那木桶才能盛满水。其二，只要这个木桶里有一块不够高度，木桶里的水就不可能是满的。这和我们所说的老话不言而喻。

那么，一个企业如果想成为一个结实耐用的木桶，首先要想方设法提高所有板子的长度。只有让所有的板子都维持"足够高"的高度，才能充分体现团队精神，完全发挥团队的作用。在这个充满竞争的年代，越来越多的管理者意识到，只要组织里有一个员工的能力很弱，就足以影响整个组织达成预期的目标。

在实际工作中，管理者往往更注重对"明星员工"的利用，而忽视对一般员工的利用和开发。如果企业将过多的精力关注于"明星员工",而忽略了占公司多数的一般员工,会打击团队士气,从而使"明星员工"的才能与团队合作两者间失去平衡。而事例证明,对"非明星员工"激励得好,效果可以大大胜过对"明星员工"的激励。因为,虽然"明星员工"的光芒很容易看见,但占公司人数绝大多数的是非明星员工。

有一个普通华讯员工,由于与部门主管的关系不太好,工作时的一些想法不能被肯定,从而忧心忡忡、兴致不高。正巧,摩托罗拉公司需要从华讯借调一名技术人员去协助他们做市场服务。于是,华讯的总经理在经过深思熟虑后,决定派这位员工去。这位员工很高兴,觉得这是一个施展自己拳脚的机会。去之前,总经理只对那位员工简单交代了几句:"出去工作,既代表公司,也代表我们个人。怎样做,不用我教。如果觉得顶不住了,打个电话回来。"

一个月后,摩托罗拉公司打来电话:"你派出的兵还真棒!""我还有更好的呢!"华讯的总经理在不忘推销公司的同时,也着实松了一口气。这位员工回来后,部门主管也对他另眼相看,他自己也增添了自信。后来,这位员工对华讯的发展做出了不小的贡献。

通过华讯的这个例子,我们知道了对"短木板"的激励,可以使"短木板"慢慢变长,从而提高企业的总体实力。人力资源管理不能局限于个体的能力和水平，更应把所有的人融合在团队里，科学配置，好钢才能够用在刀刃上。木板的高低与否有时候不是个人问题，是组织的问题。

想必大家都听说过"千里之堤溃于蚁穴"这个成语。就是说酿成大祸的，可能就是一个小小的问题。"挑战者号"航天飞机事件就是个典型的例子。

"挑战者号"是美国正式使用的第二架航天飞机。开发初期，人们就对其投注了很多心血，不但有最尖端的科技，最专业的科学家，也投入了很大的财力和物力，同时，舆论对它也给予了非常的关注，大家都把这当作是一件大事，是人类航天史上的一项壮举。"挑战者号"原本是被作为高仿真结构测试体的，但在完成初期测试任务后，科学家们把它改装成正式的轨道载体，并定于1983年4月4日正式投入使用，进行任务首航。1986年1月28日，"挑战者号"在进行第10次太空任务时，突然爆炸，一时引起轰动。人们都为它感到惋惜，同时，也对那些在事件中丧失的人表示了极大的哀悼。

可是，任谁也没有想到，集各种高科技于一身，耗费了巨大的资源的"挑战者号"，之所以爆炸是因为右侧固态火箭推进器上面的一个O形环失效，从而导致了一连串的连锁反应……

老人言

相信，很多人面对这一事实的时候，心里都是无法接受的。是啊！那可是航天飞机啊！是人类最尖端的科技，也是我们最大的智慧结晶，但是，它竟然毁于一个小小的 O 型环。航天飞机上的零件不止千万个，其中比这个小小的 O 形环重要的也是无法计数的，但是，正因为它的一点小小的问题，让整个机体都遭受了损害，最终爆炸，当时航天飞机上的 7 名工作人员也都去了另一个世界，这不能不说这是一个彻底的悲剧。但愿以后这样的悲剧不再发生。

通过这些事例，我们应该明白。很多时候，那些看似不起眼的问题，或者某些我们觉得无所谓的东西，其实都是有着很重要的作用的。他们本身可能很微小，不足以让我们重视，但其很可能会引起巨大的反应。就像有科学家说的那样，一个小小的蝴蝶煽动一下翅膀，就可能引起很远处的一场风暴。

我们一定要记住这句老话"一寸不牢，万丈无用"，把它融入自己的意识当中，时时刻刻提醒自己。不但在做事的时候如此，做人也一样。我们要做就做各个方面都很优秀的人，不要让自己有各种小毛病，很多时候，这些小毛病可能就会成为那个溃堤的蚁穴，或者是引起爆炸的 O 形环。

总之，要以一种严格的标准来要求自己。不但做人要完美，做事也一样，对任何一件小事，都不要忽视其可能起到的作用。

做到了，你就必将会走向成功。

要埋头苦干，不好高骛远

有一篇关于杨石头的报道，讲述了时任奥美北中国区集团事业发展总监和奥美广告国内事业部副总经理杨石头的发展历程，通过他的故事，我们可以从他身上学到：从"牛"做起，埋头苦干的敬业精神。进入职场，我们就应该像一头默默耕耘的牛一样，埋头苦干，勤勤恳恳，不好高骛远。

18岁那年，高中毕业的杨石头没能考上大学，就去冶炼厂当了一名月薪104元钱的临时工。后来听说美术学院文化课要求低，他便决定一边工作一边学习美术，准备再次高考。于是，他不顾自己已经成人的年龄，到少年宫与一群小孩子为伍，从头开始，苦练画画。终于在1993年考取了北京服装学院工艺美术系装潢设计专业。这一年，杨石头已经23岁了，是班中最大的学生。

然而，家庭困难的杨石头，迫于生活压力，在上大学期间，不得不去做一些兼职工作。他选择了一家广告公司，工作可谓千辛万苦，因为当时根本没有现在的喷绘，他只能拿着油漆桶一点一点去刷"停车场"、"计划生育"之类的牌子和标语。在大冷天里，还要从嘴里呵出气来才能不让刷子冻住。尽管如此，他还是像"牛"一样埋头苦干。他对同学们说："我就是'牛'，而且是一头很能干活的牛。"

有了当过临时工和在校打工的经历和经验，杨石头在大学毕业考虑自己职业生涯规划的时候，就立下志愿一定要当"牛"，职场起步从"牛"开始。杨石头选择了自己最为欣赏的奥美广告公司，经过应聘考试、面试，他顺利过关。就在他即将要成为奥美一员时，他应聘时的面试官、原北京奥美的总经理陈碧富正在创立观唐广告公司。在陈碧富的劝说下，杨石头放弃了奥美。

在观唐，杨石头从做会议记录、出账等基础工作开始，后做业务，从客户执行到客户经理，之后又主动请缨到上海发展，担任上海观唐广告公司客户副总监一职，负责统一中国总部饮料群在上海、北京、武汉、沈阳四个分区的整体传播工作。极盛的时候，杨石头一个人肩负着公司55%的营业额。第一份职场工作让杨石头领悟到："雄心的一半是耐心，职场生涯就像孵蛋一样，在28天的孵化过程中，虽然表面上没有什么不同，但其实里面每天都在发生变化，而这个过程就是'牛'的过程。"

作为一个职场"牛"人，杨石头更"牛"的还在后面。2000年的时候。杨石头又进入梅高（中国）传播集团，这家公司的创办人高峻是国内广告行业的教父级人物。杨石头历任客户群总监、中国区集团副总经理，他所负责的烟台啤酒整合传播案例获得了美国纽约广告节创意营销效果奖。而这时，年薪已达百万的杨石头却又在思考着自己的人生，调整着自己的职业生涯规划。

杨石头说，百万年薪不是他的梦，他不想做金钱的奴隶，理想才是他追随的目标。所以他决定放弃人人垂涎三尺的这份年薪百万的梅高中国区副总经理工作，要回归奥美广告公司做月薪只有3000元的文案工作，一圆当年加盟奥美的梦想。2003年冬天，杨石头给北京奥美创意总监写了一封求职信，他在信中写道："我不知道天堂是不是光明的，但是我知道天使一定是光明的。尼采说过，每块石头都有它的梦想。为什么不给我这块石头一点光明呢？"对于当时33岁的杨石头来说，这是一个很难让人理解的决定，以至于他家的小保姆都误认为他破产了。面对众人的不理解，杨石头坦言："我是'牛'。我是很能干活的，我必须这样做，尽管这条路走得非常艰辛。"就这样，在时隔八年之后，杨石头如愿以偿地进入了奥美这家全球顶级广告公司。他一如既往从"牛"做起，始终保持着"牛"的心态，"牛"的干劲。

一晃又是五年过去了，阳光果然照亮了这块石头——杨石头

老人言

成为奥美北中国区集团事业发展总监和奥美广告国内事业部副总经理。在他的手上，北京奥美的国内客户群比例大幅度提升。而他展示出的专业素养以及对国家品牌营销的深刻洞察，使他成为2008北京奥组委官方执行顾问。2008年11月27日，杨石头获得了国际奥委会主席罗格、国际残奥会主席克雷文和北京奥组委主席刘淇联合签字颁发的金质嘉奖。

除此之外，杨石头还担任国家商务部品牌管理发展中心的首席品牌顾问，北京大学新闻传播学院IMC研究生班主讲教师，清华大学CIMT企业品牌讲师，《中国经济周刊》、《数字中国》、《亚太活动平台》的专栏作者，北京电视台《名人堂》节目常务对话嘉宾，《创业讲堂》节目主持人。

面对如此众多的角色，杨石头说："每个人都有梦想，但进入社会之后梦想就转化成理想，就是理智的梦想。然后接下来就是像'牛'一样一步一步去实现这个理想，等你实现了这个理想，你就是'牛魔王'。"

在职场上，要知道每件事情都是由细小的事情组成，只有把小事认真勤奋的完成，才能成就未来的事业。如果你想在工作中取得优异的业绩，那就像杨石头一样，埋头苦干工作中的每一件事情。

针尖大的窟窿斗大的风

很多人都会有这样的情结，认为不管什么事情都是大的好。在他们的眼里，人生就是要轰轰烈烈的，做人就要做这世上的最高者，做事就要做这世上的最大事。可是，往往又由于没有足够能力和魄力，最后落得一事无成，不但没有做得了大事，连小事都没能做成一件，这就是悲剧了。

忽视小的害处大家应该都知道了，我国自古就有"千里之堤，溃于蚁穴"的说法，在这里，我们从另一个角度，从反面入手，谈谈注重小的好处。

我们都知道，小事是没有人愿意做的，这时候，在小事的领域内，就会出现一片真空，这片真空中，不论是竞争力，还是难度，都是相对较小的。这时候，就给我们带来了很大的施展空间，可以让我们去翱翔，如果把握住了这机会，那么，成功还会远吗？

相信很多人都看过那个新闻，一个北大的毕业生，毕业后没有从事自己的专业，也没有到大公司去上班，却回家摆了个猪肉摊，做起来小商贩。当时的社会一片哗然，人们都觉得这个人疯了，怎么可以这样呢？放着好好地前途不要，却甘愿做一个商贩，太没有出息了。

不过，几年后，就没有人在这样说了，因为那个北大学子在卖猪肉的行当里闯出了一番名堂，他成功了。在短短的时间内，他就开了31家分店，如今已经是一个小有成就的企业家了。

这就是，注重小的好处。古人常说，"针眼大的窟窿斗大的风"，这虽然是从另一个角度来讲述大小的关系，但是，其道理是相通的。如果不注意小节，就会出现大问题，相反，如果注意到了这些小节，那么，就有可能获得大的成功。

有这样一个故事，一个英国人和一个犹太人都失业在家，他们便结伴同行，一同去找工作。这天，在去往面试的路上，他们同时看到地上有一枚硬币，静静地躺在那里，英国青年看也不看径直走了过去，犹太青年却正好相反，激动地将它捡了起来，在身上擦了擦，小心地装入了口袋。

半个小时后，两个人同时走进一家公司，开始面试。在与人力工作者交谈的过程中，两个人了解到，这家公司很小，任务却很重，工作很累，而且工资也不高，英国青年听完介绍后，不屑一顾地走了，而犹太青年高高兴兴地留了下来。

一转眼，两年过去了。就在两年后的一天，两人在街上再一次相遇，此时，犹太青年已成了老板，而英国青年，仍然还在寻找工作。

其实，那个英国青年并非不要钱，可他眼睛盯着的是大钱而不是小钱,所以对他来说,他的钱总在明天。这就是两个人的差别所在,也正是这差别造成了他们际遇上的不同。

通过这个故事,我们明白了,大和小对于一个人的作用,小是可以生出大来的,只要你对小足够重视,就可以做到。但是,现实生活中,好像很少有人能够看得如此透彻,他们更多地时候都是像那个英国青年一样,在大处着眼,而不屑于小事,结果,也跟那个英国青年差不多,不但没有做成大事,连小事都没有做好。

由此,我们应该明白,不能轻视任何的小事,在做事上如此,在做人上亦然,一个很小的毛病可能是你从来都不在意的,但是一旦出了问题就后悔莫及了。

老张是一个很老的赶车伙计,他从小就跟那些牲畜打交道,仿佛已经能够听得懂牲畜们的话了似的。对于老张来说,这世上只有不会赶车的人,而没有赶不了的车。事实也的确如此。在老张的一生当中,好像从未遇到过不听话的牲畜,不管何时何地,他都能够将车赶得稳稳当当,每次都能顺利地将货送到雇主的手里。

不过,老张也不是没有毛病的,他爱惜自己的马,却很少在意车。通常,对于一个熟练的赶车人来说,这是不可理解的,因为一般的人都是既爱马又爱车的。但老张就是这么奇怪,他很少去看车变得如何了,而总是跟自己的马窃窃私语,好像是多年未见的老朋友一样。

这天,老张又接到了雇主的邀请,让他帮忙送一批货物,货不重却非常值钱。不过,老张是不在意这些的,因为在他的眼里,没有送不到的东西,因此,那东西的价值也就无所谓了。

这次雇主让老张走盘山路,其实盘山路老张已经走过了好多次了。这次也算是轻车熟路了。不过,还是出了问题,问题不是出在老张的赶车技术上,而是出在他的车上——老张的车轴折了。

断了的车轴不能再承载车的重量,货物从车上掉了下来,滚落了山崖,老张看到这一切,傻眼了。傍晚的时候,老张一个人从山上下来了。他的马和车都没有了。因为车同货物一起滑落了山崖,马连着车,也一起掉了下去。

雇主很快就找到了老张,让他赔偿,老张无奈,变卖了自己所有的家当,才勉强凑够了赔款。如今,老张已经一无所有了。

后来,人们找到了老张那跌落山崖的马车。发现车轴上的折痕只有最中间是新的,外面一圈都是旧的。也就是说,老张的车轴早就出现裂痕了,不过是他没有注意到罢了,如果老张早注意到,也就不至于家道败落了。不过这时候后悔已经来不及了。

如果将老张和那个犹太人青年放在一起比一比，相信很多人都能够明了，对于大小不同的态度，会产生多么大的差异。是啊，古人的话从来都不是白说的，"针眼大的窟窿斗大的风"是至理名言。如果我们有这样的缺点，就像老张一样，那就应该警惕了，改掉它才会生活得更好；如果我们有这样的优点，就像那个犹太人青年一样，这时候你就应该窃喜了，因为你具备了成功的可能。不过要记住，一定要坚持，否则也是没用的。

总之，记住这句话，"针眼大的窟窿斗大的风"，明白不论从正面还是从反面来理解，都能给我们带来启发，你的生命将会更加精彩。

卒子过河能吃车马炮

很多人都会下象棋，自然也懂得其中的规矩。一般来说，人们是不太在意象棋中的卒子的，认为它们没有大的用处，不但行动缓慢，杀伤力也极其有限，但是，经常下象棋的人都知道，看似没用的小卒子一旦过了河，就有了大的用处。它们就可以横冲直撞，可以吃掉车马炮，甚至可以吃掉对方的老将。

由此，我们能明白一个道理，不要小看那些不起眼的人，他们很可能是真正的人才。现在不如意,没有大的作用,不过是没有得到施展的机会罢了。一旦给他们机会,定会有一番作为。同样,如果我们正处在卒子的位置,也不要灰心丧气,要相信自己,要相信机会总有一天会降临到自己头上的,到那时,你就可以成就一番事业了。

不要小看那些平常的人,他们很可能是胸怀大志的英雄,也很可能是怀才不遇的勇士,今天的落魄,不过是一时的不得志罢了。一旦时机成熟,他们定会翻身,成就自我,展现出自己的价值。所以,我们应该知道,不管是什么人,都是值得尊重的,以现在的处境来评价一个人是非常愚蠢的行为。因为你看到的只是他此时的表象罢了,至于其后来会发展成什么样,是谁也不敢确定的。

李君是一个很普通的人,她来自农村,有着农村人那最质朴的情感。她不怕苦不怕累,每天天快黑时,她和丈夫就从家里出来,开始张罗搭篷布,摆桌椅。然后老公掌勺,老婆招呼客人,卖那些最普通的小菜。他们的主要客人就是那些夜猫子和过路司机。两口子每天都是辛苦一晚上,天快亮时才收摊,赚的钱虽然不多,但也足以解决温饱。就这样,两口子勤勉而辛苦地工作着,既发不了家,也饿不了肚子。在李君两口子的眼里,自己就是一个最最普通的老百姓,要过的也是最最普通日子。可是,这样的情况持续了一年之久。两人开始打鼓了,因为他们看不到未来。城市里的高楼正一天天拔地而起,各色新的东西也都在每天涌现,但两个人还是跟以前一样,没有半点改变,也看不到改变的可能。

他们也曾经想过去创业,但是保守的思维决定了,两个人很难迈出那第一步。就这样,日子一天天过着,平淡而又宁静。但是,人注定是有追求的,李君他们也一样。

突然的一个机会,改变了他们的生活,两个人打听到,在离他们住地不远的地方,有一家饭店不干了,正在以低价出租房子,那个地理位置很好,是开饭店的不二之选,而且,价钱也不贵。

两个人商量了很久,也没有做出这个决定,因为房租虽然相比别的地方不算贵,但对两人来说,依然是一笔不小的开支,差不多已经是他们全部的积蓄了。如果一旦生意失败,两个人连平淡的生活都过不了了。更重要的是,他们不认为自己有能够经营好饭店的本事,在他们眼里,自己就是个最最普通的老百姓……

最后,希望战胜了恐惧,两个人拿出了全部积蓄,租下了房子,很快,他们的饭店就开张了,两个人也忙碌了起来……

如今,李君已经是那座城市里的餐饮界名人了,他们家有很多的分店，也有很多的顾客。

事情往往就是如此，面对一个普通人的时候，我们不看好那人，觉得他不算什么，但很可能他几年后就会变成"韩信"。面对自己的时候也是，自然的以为自己就是一个小卒子，成不了大气候，但是如果你足够努力，就会发现，自己原来也是可以吃掉"车马炮"的，就像李君，如果不迈出那一步，她永远是个普通的小贩。

所以，我们要意识到，没有永远的失败，只有暂时的不成功。如今是小卒子的人不一定永远是小卒子，就算永远是小卒子，有一天过河之后，依然可以吃掉车马炮。对别人如此，对自己亦然。当我们看到平凡的他人时，不要去嘲笑，而是去尊重，当我们自己面对平淡或是困苦的生活时，不要丧失信心，而是应该努力去寻找那过河的机会。如果你做到了这些，那么，你就会认识更多能吃掉"车马炮"的卒子，你，也很有可能会变成一个能吃掉"车马炮"的卒子。到那时，你就已经成功了。

大船只怕钉眼漏，粒火能烧万重山

千里之行始于足下，万丈高楼起于抔土。任何一件大事都是由小事积累才得来的，没有一点点的积累，就不会产生质变，成就那些伟大。同时,那些大的损失和伤害也都是从一点点的小事开始的,一点点积累,积累到了一定的程度,就会爆发,从而造成灾难。就像老话说的那样"大船只怕钉眼漏,粒火能烧万重山",我们要做的,就是排除这些小的隐患,时刻注意它们,将那些能够造成危险的及时解决掉,而对那些对成功有用的积累坚持下去,最终成就自己。

在大海的边上,有一个小镇,镇子里的人们都靠出海捕鱼来养活自己。在这些捕鱼人中,有一个老汉,是最厉害的,他对海洋非常了解,知道哪里有鱼,也知道什么时候会有鱼。同时,他的捕鱼工具也是镇上最好的,他有一艘大船,跟随他已经好多年了,这些年在海中乘风破浪,养活了他们一家人。老人对这个大船非常爱惜,就像对待自己的孩子那样对待大船,从来不舍得从大船上卸下任何一个零件,他认为,如果那样的话,大船就不完美了,就不再是那个伴随自己多年的老朋友了。

我们都知道,人是会老了的,其实船也一样,年头多了,就会老化,老人的那条大船当然不会脱离这个规律,它也慢慢变得有些破旧了。但在老人的眼里,他的大船依然是这世上最完美,最牢固的。

这天,老人的大儿子来找他,说船上有一块木板松动了,他想要换掉。老人听了,不禁大怒,他开始责备儿子,说他不懂得珍惜东西,说他不懂得珍惜"朋友":"你知道吗?那条大船跟了我多少年?比你跟我的时间都长,你现在说什么?要把它上面的板子换掉,你知不知道,我对这条大船的感情?怎么可以换掉它的一部分呢?那样,还是那条跟随了我多年的大船吗?"

最后,老人的大儿子无奈地走了,他把那块木板拿了下来,换了个位置,又重新订上了。不过他还是有些不太放心,因为那块板子已经很破旧了,上面满是钉眼,他觉得,这样下去会出问题的。但是,他没有勇气换掉它,也没有勇气再跟父亲提这件事了,因为他了解父亲的脾气。

几天后,大船又一次出发了,带着老人和他的儿子们,去往大海,去寻找可以给人们带来生的希望的鱼类。

不过,这次他们的行程不是很顺利,在出海的第三天,他们碰上了大风暴。不过,老人是不担心这个的,他相信,自己的这条大船已经经历过无数次风浪了,比这次更大更强的都经历过,还会怕这一点点的挫折吗?

可是,老人没有想到,正是这个他非常信任的"老朋友"辜负了他的期望,船漏水了。就是因为那块布满了钉眼的木板引起的。当船上的人们发现了的时候,已经来不及补救了,因为水太大了。最后,船永远地留在了海底,跟着船一起留下的还有那个老人和他的儿子们。

悲剧总是我们不想看到的，但又总是我们不得不看的，就像故事中发生的事情一样。在这个故事中，是有温情的，老人对船的爱就是温情，他代表着一颗感恩的心，代表着一颗怀旧的心。这是一种品格，懂得感谢给自己带来帮助的一切人和事物的一种品格。通过这个，我们可以知道，这一定是个厚道的老人。同时，故事中也有警醒，那就是老人的儿子，他是非常专业的，能够及时发现将要出现的隐患。但，这些都避免不了悲剧的发生，至于悲剧的原因，归根结底，不是那个钉眼，而是没有对微小的隐患重视的粗心。

这个故事震撼人心的原因就是前面说的温情。是啊，越是有温情的悲剧，越是能对人产生冲击；就像越是厚道的人被欺负了，我们就越是生气一样。不过，最重要的是，我们要从这异常震撼的悲剧当中汲取到教训，学到经验，尽最大的努力去再次避免它。

要知道，在生活中，不能忽视任何一件小事，特别是那些能够导致大问题的小事。往往，这些小事正是决定一个人或一件事成败的关键。可能有些人会对此不以为然，觉得没必要大惊小怪的。不就是一点小小的隐患吗？如果他们知道这小事和大事之间的联系的话，估计就不会在这样说了。

老人言

据气象学家研究得出：某地上空一只小小的蝴蝶无意间扇动一下翅膀，就会扰动空气的流动，长时间后可能导致遥远的地方发生一场暴风雨，也就是著名的"蝴蝶效应"。同时，气象学家们也以此比喻长时期大范围天气预报往往因一点点微小的因素造成难以预测的严重后果。

通常，微小的偏差是难以避免的，但却可以通过一系列的连锁反应引起很大的骚动。就如同打台球、下棋等，往往"差之毫厘，失之千里"、"一招不慎，满盘皆输"。

这时，比的就是谁能更在意这些微小的变化和异常。如果注意到了这些，那么离成功就更近了。注意不到，就会像那个老人一样，最后将生命葬送在大海之中。当然，我们日常的生活不会那么凶险，但是因此而失掉成功的机会，还是非常常见的。

所以，想要有一番作为，就要养成一定的良好习惯。在面对小事的时候，一定要引起注意，时间久了，自然就能做到防患于未然，那时，我们就拥有了更强的竞争力，也就会赢得更多的机会。

总之，记住这句话，"大船只怕钉眼漏，粒火能烧万重山"。任何大的灾难，失败，都是一点点积累起来的，没有平时的积累，就不会有最后的爆发，也就不会产生那么多让人扼腕的后果。我们要做的不是眼盯着大前方，一心只想着成功，那样只会让你体会失败。真正能成功的方法是盯着一个个小的地方，将其做好，有益的留下，有隐患的解除，时间长了，成功自然会来到你的身边。那时候，你就会发现，真正取得成功的方式不是紧盯着成功，而是先忘记成功，而去做好一件件小事，排除一个个小的隐忧。

自以为是，就什么也不是

马尔科姆·福布斯在其所著的《思想》一书中曾援引巴尔塔沙·葛拉西安的话说："人若天天表现自己，就拿不出使人感到惊讶的东西。必须经常把一些新鲜的东西保留起来。对那些每天只拿出一点招数的人，别人始终保持着期望。任何人都对他的能力摸不着底。"

美国钢铁大王卡内基曾给一个即将登上经理之位的踌躇满志的年轻人这样的劝告："这个位置很适合你，你也有能力做好这份工作。不过，请谨记，你既然准备接受这份工作，就要马上着手解决问题，要知道，其他人也能发现问题。全力以赴地去做好你的工作，但同时要注意你的后面，看看是不是有人掉队，如果后面没有人跟着你前进，你就不是一个称职的领导。别忘了，你并不是一个不可取代的人,在你感觉情况还不错的时候,要尽量冷静地思考一阵,你的幸运可能是你的机会好,交上了好朋友或是对手太弱。一定要保持足够的谦虚,不然的话,现在有12个人可以胜任这个职位,我相信他们当中一定会有一两个干得比你出色。因此,千万不要自以为是。"

一公司生产线的产品经理对着人事主管抱怨:"你给我的都是些什么人?"3个新进公司的大学生要进行入职培训,他负责带着他们去车间参观、体验,希望通过参观和体验让大学生对公司的产品和产品线有感性的认识。谁知,3个人来了之后,一脸不情愿不说,边看边议论。"这套设备怎么看上去很旧的样子?经理,公司为什么不从德国进口设备呢?德国的机械可是很出名的。""我觉得公司应该舍得在设备上花钱,可以节约人力成本!""经理,我觉得工人这样分组轮班的体制有问题,应该……"这些新人对人员安排、公司设备管理、资金分配等大问题高谈阔论一番。但到了操作体验阶段便敷衍了事,差错百出。

产品经理对这些新人也是满肚子牢骚。让这些"小皇帝"下车间参观体验,她已经是耗费口舌。"我们又不是工人,参观就行了,何必要体验?""与其让我们把时间浪费在操作体验上,不如换成流程管理等培训更有价值。"

刚毕业的大学生过分认为自己条件优越，眼高手低，还经常对工作指手画脚，没有一丝谦虚好学的态度。从哲学意义上来界定，谦虚应该是对社会环境和自身价值的认识，它符合用客观、运动辩证的观点认识社会及人生。松下幸之助说："因为有了感谢之心，所以才能引发惜物及谦虚之心，使生活充满欢乐，心理保持平衡，在待人接物时免去许多无谓的对抗与争执。"谦虚是人类特有的一种自我反思、总结经验的能力。人类社会不断进步，只要我们时刻保持健康的心态、豁达的胸怀，成功就会与我们同在。

在工作中，一定要保持谦虚的工作态度，不要傲慢自大，但同时也要正视自己的贡献。卢梭曾经说过："伟大的人是绝不会滥用他们的优点的，他们看出自己超出别人的地方，并且意识到这一点，然而绝不会因此就不谦虚。他们的过人之处越多，他们就越能认识到自己的不足。"IBM创始人老托马斯·沃森告诉他的员工"没有永远静止的东西"，"我们永远不能自满"。古希腊有一位先哲说过这样的话："傲慢始终与相当数量的愚蠢结伴而行。傲慢总是在成功即将破灭之时，及时出现。傲慢一现，谋事必败。"一个人如果太骄傲了，就会变得妄自尊大，谁都瞧不起，谁都不放在眼中，就算有人劝他该如何如何，他也固执地坚信自己的所作所为没有错，而听不进任何劝诫的话，不承认客观实际，目空一切。慢慢地，整个世界变得似乎只有他一个人存在，他严重脱离实际，最后只能成为孤家寡人，走向失败。

为了启发人们谦虚处世，列夫·托尔斯泰曾打过一个很有意思的比方："一个人就好像是一个分数，他的实际才能好比分子，而他对自己的估价好比分母，分母越大，则分数的值越小。"一个容器若装满了水，稍一晃动，水便溢了出来。一个人若心里装满了骄傲，便再也容纳不了新知识、新经验和别人的忠言了。长此以往，事业或者止步不前，或者不断受挫。

古人云："满招损，谦受益。"谦虚是美德。真正的谦虚，是自己毫无成见，思想完全解放，不受任何束缚，对一切事物都能做到具体问题具体分析，采取实事求是的态度，正确对待；对任何方面的意见，都能听得进去，并加以考虑。这样的人能做到在成绩面前不居功，不重名利；在困难面前敢于迎难而上，主动进取。

谦虚并不是卑己尊人，而是既自尊也尊人。如果一个人懂得用谦虚去对待生活，不管是在成功的时候，还是在失败的时候，谦虚都一定会让他的生活更加充实，在人生的旅途中收获成功。所以，学着谦虚，学着不要自以为是，你的生活和工作会更加美好。

先长的眉毛，不如后长的胡子长

荀子说："青，取之于蓝，而青于蓝；冰，水为之，而寒于水。"意思大家都应该明白，是在比喻人经过学习或教育之后可以得到提高，甚至可以超过自己的老师。我们在学习中也只有抱着这样的信念，才能够让自己得到更大的提高，取得更多的成绩。如果一味想要躲在别人的庇护之下，觉得自己的老师就应该比自己强，那么，时间久了自然就会失去斗志，同时，也失去了进步的机会。

关于这点，我们民间还流传着一句话，道理也是一样的，那句话叫作"先长得眉毛，不如后长的胡子长"，说的也是后来居上，青出于蓝的道理。要想超过自己的老师，创新是途径之一。

创新有多种形式，它不仅仅指开辟一条前人从未走过的道路，我们也可以尝试着走一条别人已经走过的旧路。因为走新的路，通常要遇到更多的障碍，要面对更大的风险。看清楚眼前要走的路，特别是留意别人怎样走同样的路，一定有让你受益的地方，它能让你避免重复别人已经走过的弯路；另外有一些路，很值得你跟着别人一起走，这会让你成功的机会更大，就像大雁互相依靠着飞行一样。也就是说，在某些时候，我们可以模仿别人，以使自己尽早成功。

当然，创新是摒弃一味模仿的，因为一味地模仿终将步人后尘，生搬硬套，而不会根据自己的需要灵活变通。创新又是鼓励创造性模仿的，在对标杆的模仿中，融入自己的创意，根据自己的情况进行变通，在模仿中变得强大。

当当网上书店就是一个很不错的范例。

"对亚马逊的财务报表，我比一些华尔街的分析师们还要熟悉。我会用当当的指标和它一一做对比，最新的结果是，9项指标中我们只有库存周转率不如它。"当当网上书店联合总裁俞渝毫不讳言对亚马逊这个世界最大、最知名的网上书店的模仿和学习。她将当当网比作是"学龄前儿童"，而"亚马逊"已经是进入"青春期"了。她说："中国古话说得好，三人行必有我师，择其善者而从之。当当不耻于当学生，因为有的学比没的学要好。"相较之下，当当更在意的是"成功"而不是"复制"。俞渝在实施模仿战略时的心得，即是"要以开阔的心态和眼界去学习，并且在学习中重新建立适合企业本地化生存的新规则"，"用笨方法，从骨子里学"这是俞渝认为当当之所以能够将网上购物这样的新事物，在中国成功推动的"模仿要义"。

三星电子也是通过对电子巨头索尼进行创造性模仿而一步步成长壮大而起来的。

从一只"仿造猫"进化为"太极虎",三星电子又有多少惊世之谜? 2004年4月中旬,三星电子公布了其2004财年第一季度营业额及总收入,第一季度销售额为125亿美元,营业利润超过34.8亿美元。三星电子仅在第一季度,就远远超过索尼2004全年8.13亿美元的盈利预测。但据此就认定三星电子超越了索尼,仍为时尚早。从营业额看,2003年,三星电子的总收入为362.8亿美元,索尼的总收入为720.81亿美元。这距离三星电子的"超越"战略——2005年以前把全球销售收入增长两倍,从而一举超过索尼——还有差距。但这并不影响三星电子作为一个"模仿"神话而成为诸多中国企业推崇的对象。把三星和索尼类比,按中国的思维方式,是有点"青出于蓝而更胜于蓝"的期待在内。几年前的三星,正是索尼的模仿者,而现在,许多中国企业则成了三星电子的模仿者。

要想"青出于蓝",模仿并不是盲目进行的,而是朝着既定目标进行的创造性模仿。如果只是一味地模仿而不知加入自己的思想和创意,只能是重复别人的步伐,走不出一条自己的路。就像国画大师齐白石先生说的:"学我者生,似我者死。"在最初阶段我们都要经过一个模仿过程,向前人学习优秀之处,吸取了他人的精髓,才能更好地完善自己。但是,更重要的是,我们一定要有自己的创造过程。个性是区别于大众的。正因为个性的差异，才构成人生万象的异彩纷呈，才谈得上相互学习、相互促进、相互吸引，才能领悟到成功的真谛。

所以，我们想要做后长的胡子，就必须要走出自己的路来。老跟在别人屁股后边学，充其量只会落下"模仿者"之名。其实，创新都是有个性的，没有个性的创新几乎是没有的。创新之初模仿成功者的模式是可以的，但不能一味模仿而不求突破。模仿是手段，创造才是根本。因此，要根据自己的个性，设计一条成功的路线和方法，这才是高人。

当然，能取得成功，也不能忘记前辈的付出。就像牛顿说的，他之所以能取得如此辉煌的成就，只是因为站在了巨人的肩膀上。这充分表露出牛顿的自谦和感恩。那么，我们在向牛顿式的成功者学习，向他人的卓越之处学习，站在这些巨人的肩膀上的时候，也要有一个低调，谦虚的态度，在学习中努力去超越！

只有这样，我们才能做成"后长出来的胡子"，变得比"先长得眉毛"更长。如果你都做到了，那么，还会常感叹自己的知识不足吗？必然不会了，而且，到那时，你还能品尝到成功的滋味。

后上船者先登岸

有人说,"只要有人的地方就有江湖",我们可以做一个模仿,"只要有人的地方就有竞争"。是啊,竞争是无所不在的,特别是在这个科技快速发展,新事物层出不穷的年代,竞争就更是激烈了。但是,我们该如何才能够在这日益激烈的竞争中脱颖而出,获得成功呢?相信很多人都会说,应该努力。的确,这个回答是非常有道理的。但是话虽如此,能够做到就不一定了。好像我们常是这个样子,在讲述某些道理的时候,都能够说得头头是道,可一旦真正去实践了,就未必能够做到了。这是人的惰性使然,是每个人都会或多或少都有一些的毛病。既然如此,那么,我们如果足够努力,战胜这人性的弱点,不就能够取得比别人更大的成绩了吗?

那么,我们应该用什么办法去坚持呢?如何给自己一点动力呢?我们如果能够找几句至理格言,当作自己的座右铭,会好很多。因为它能时时提醒我们,要去努力,要去奋斗,不要想着懒惰,要做到每天都被梦想叫醒。

有这样一句话"后上船者先登岸",这正是适合现代的一句极佳的格言。要我们在这样一个激烈竞争的社会中,一时甘愿居后,有些人会问,那不是要我们落后于时代?但是别忘了,老祖

老人言

宗早就交给了我们很多道理，告诉我们只要刻苦，就能够成功，关键是你是否有那个志向，有那种认识，是否能看到，我们现在的最佳选择就是做一个后上船，但先登岸的人。只要认识到了这点，那么，想不成功都很难。

动物庄园里有很多的居住者，其中有一头黄牛。黄牛没有聪明的头脑，也没有灵敏的身躯，只有一膀子力气，靠给人拉东西为生。不过，它的生活并不是很好，也仅能维持生计而已。原因很简单，在这个出苦力的行当里，也是有竞争的，而且，竞争还很激烈。在黄牛的前面，有大象和犀牛，它们不仅入行比黄牛早，力气也更大些。有它们的存在，黄牛自然没办法脱颖而出，得到更多的活计。

不过，黄牛并没有因此而叹息，也没有因此而失望，它依然是每天干着那些能轮到自己的活，毫无怨言。在黄牛眼里，是没有未来的，它从来不给自己制定什么规划、什么远景，它只能看到眼前的那一点点活计，然后把那当作是自己的全部，用尽最大的力量去将之做好。

就这样，黄牛每天都过得很平淡，也很充实，当然，它也是对此感到满意的。不过，渐渐的，黄牛的生活有了变化。因为态度好，肯干，越来越多的动物来找黄牛帮助自己拉东西，它们都认为，只有黄牛能够让自己放心。

慢慢地，黄牛成了它们这个行当里最受欢迎的一个了。生意增多并没有改变黄牛，它还是那样，依然肯干，依然敬业。

如今，黄牛已不再是那个只能维持生存的笨家伙了，它已经有了自己的队伍。以前，生意比它更红火的大象和犀牛，如今已经是黄牛的手下了。它们都依靠黄牛的名声找活干。这是当时每个动物都没有想到的，不过这件事就这样真真切切地发生了。

这是一个寓言，讲的就是我们开始说的那个道理。一个老黄牛，默默无闻，兢兢业业地用自己的努力，做到了"后上船者先登岸"。它开始是绝对处于不利的地位的，但是，它懂得坚持，懂得付出，最终依靠自己的努力，成为行业内最受欢迎的人，把那些前辈们都笼络到了自己的门下。

我们可以说，黄牛是不懂得竞争的，它从来都没有为自己能够得到更多的生意而去采取任何办法。但同时，我们又不得不承认，黄牛是最懂得竞争的。它用自己的行动，证明了自己的实力，最终笑到了最后，成为一个最后上船，但却最先上岸的人。

由此，我们也应该明白一些道理。一个人，来到世上就是为了实现自己的价值的，我们要做的就是取得成绩，成就自我，这就需要在竞争中胜出。但由于各种各样的原因，我们总是会处于被动的地位，是那个最后上船的人。这时候，就需要懂得付出，舍得努力了。只有这样，才能像黄牛似的，做那个最先上岸的人。而想要这样，就需要像我们前面所说的，时刻去激励自己，真正去付出。

要明白，成功是一个复杂的过程，在这个过程中，存在很多的环节，如果某一个环节出了问题，就会导致后续的一系列问题，到那时，我们往往就会离成功越来越远了。而在这些个环节中，立志，是开始，也是基础。只有拥有一个伟大的志向，不向现实低头，即使处在不利的位置，也要有"后上船者先登岸"的志气，才能够拥有取得成功的可能。如果没有这个，也就没有了成功的基础，那么，碌碌无为也就是必然的了。同时，我们也要懂得从另一个方面看待问题。当我们是先上船者的时候，不要对后上船者投以鄙视，不要小看他们，而是要跟他们一起努力，做到更好。

总之，记住这句话吧，"后上船者先登岸"，把它当作是自己的座右铭，当我们处在弱势的时候，拿出来看一遍，用来激励自己，给自己动力，如果坚持住了，那么，你必然会取得成功。

不抢风头不越位

摆正自己的角色位置，有节制地出力和做人，"越位"只会让你吃力不讨好。

"到位而不越位"讲的是个"度"的问题。在日常工作中，除了要摆正自己的位置，更重要的是把握好自己的职责权限。分内的事情努力做好，分外的事不要轻易插手，尤其不可做出越级越权的事情来，因为这样不但浪费了自己的时间精力，更会惹人讨厌。

小刘和小王是同一部门的普通工作人员，他们有一个共同的特点，就是精明果断，办事能力颇强。但该部门的主管却拖拖拉拉，优柔寡断。对此，心高气傲的小刘早就颇有微词。公司向该部门下达了新的业务指标，主管反复考虑，瞻前顾后，一直无法提出具体的计划和方案。心怀不满的小刘直接向总经理打报告，提出了自己的一套方案。而为人低调的小王选择跟主管共同商量，拿出相应的对策和方案。在小王的启发下，主管凭借自己丰富的实战经验，很快提交了一套同样出色的方案。最终，公司采纳了主管的方案。不久，主管获得提升，小王在他的推荐下，接替了他的位子。怨气冲天的小刘很快便离开了公司。

小刘忽视了一点：在很多情况下，主管的能力不一定比下属强，但这不能改变主管与下属之间从属的关系。把自己的聪明才智无私地奉献给主管，小刘可能认为这样太冤了，心理上难以平衡。事实上，只有主管得到提升，你才能有出头之日，你在紧急关头及时"救驾",你的主管会从此视你为得力干将,对你另眼相看。一有机会,你得到提升是水到渠成的事情。

越级越权,企图盖过上司的风头,在上司的上司那里表现自己,这种行为会严重损害到部门主管的感情,给自己以后的晋升带来难以逾越的障碍。因此,除非万不得已,千万不要越级。公司像一部复杂而精密的机器,每一个部件都在固定的位置发挥着不同的作用,以保障整部机器的正常运转。然而有一部分人为了突出自己,老是喜欢搞越级活动,这些人大部分都对自己顶头上司有某种不信任或者不服气。这样做的后果是扰乱了公司正常的工作程序,造成人为的关系紧张,反而影响了工作效率,更会影响到自己的晋升之路。

"凡事做到位,不要越位"必须遵守几条守则:

1. 明确工作权限

进入某一岗位,需要弄清楚自己日常扮演的角色、应当履行的职责、应当遵守的行为规范。

2. 分清"分内"和"分外"

在其位要谋其政,不属于自己职责范围的事情,便要小心谨慎,尽量少插手或不插手。当然,不排除有些上司会下放自己的某些权限,把本属于自己职责范围内的一些工作交给值得信赖的下属去做。此时,作为下属,一定要全力以赴,发挥自己的极限水平去做好。应当注意的是，必须由上司自己亲自委派你干这项工作，一般情况下不要主动要求，以免上司认为你插手太多，有越位之嫌。

3. 不可轻越"雷池"

遇到自己不熟悉的工作时要多请示，否则，往往会不自觉地造成越权行为，好心办错事。"雷池"不可轻越，万事谨慎为先。

劝将不如激将，激将不如逼将

有路可走就意味着有机会，步步紧逼，让对手无路可进、无处可退，就只能听从自己摆布。

隋朝末年，隋炀帝荒淫残暴，弄得民不聊生，遍地饥荒，于是各地不断爆发农民起义，许多有实权的朝廷官员，纷纷拥兵自重，自立为王。但大权在握的李渊并无反叛之意。

到了隋炀帝十三年，各地反叛有数十起，隋炀帝江山岌岌可危。此时李渊任太原太守。他的副手裴寂是一个有长远眼光的人，他悄悄结交李渊的儿子李世民，密谋反叛，但必须动员李渊一起行动，这样才能借助他的兵权。但是劝说工作异常艰苦，于是裴寂和李世民商议，准备切断李渊的退路，逼李渊按照他俩的

老人言

意愿行事。

有一天,裴寂在晋阳宫设下宴席,请李渊饮酒,二人相交已久,李渊身为宫监,到此赴宴,也合情理。于是李渊也不怀疑,就高高兴兴地去了。

裴寂与李渊坐定,美酒佳肴,依次献上,二人边喝边谈,十分快活,李渊开怀畅饮,不一会儿就有了几分醉意。这时门帘一动,环佩声响,走进两个美人,都生得如花似玉,美不胜收。裴寂即指引两美人,左右分坐,重新劝酒。

就这样,李渊醉卧晋阳宫,两个美人侍寝。李渊只知沉沉入睡,哪里还晓得什么犯法。酣睡多时,李渊酒已醒了大半,见有两个美人陪着,不由感到奇怪。李渊打起精神,问二人姓氏,一美人自称姓尹,一美人自称姓张。李渊又问她们二人是哪里人,二人并称是宫眷。李渊不由大吃一惊,因为和宫眷同寝只能是死路一条。

两位美人却连忙劝慰道:"主上失德,南幸不回,各处已乱离得很,妾等非公保护,免不得遭人污辱,所以裴副监特嘱妾等,早日托身,借保性命。"

李渊频频摇头说:"这……这事怎可行得?"一面说,一面走出寝门,走了几步,正巧遇着裴寂。李渊一把拉住裴寂,叫着裴寂的字说:"玄真,玄真,你难道要害死我吗?"

裴寂笑着说："明公，你为什么这般胆小？收纳一两个宫人，只是小事，就是那隋室江山，亦唾手可得。"

李渊惊慌道："你我都是杨氏臣子，怎么出此叛言，自惹灭门大祸？"

裴寂说道："识时务者为俊杰，今隋主无道，百姓穷困，四方群雄逐鹿。明公手握重兵，令郎储士养马，何不乘时起义，吊民伐罪，经营帝业呢？"

李渊道："我李家世受皇恩，不敢变志。"

李渊口说不敢变志，奈何退路已断，不反即死。他知道与宫眷同寝的罪名是何等严重，隋炀帝早对李家人心怀疑虑，若他知道这件事，一定会借口杀死自己，甚至诛灭九族。于是，李渊只有反叛一条出路，再加上裴寂、李世民分析天下形势，讲清利害，李渊终于坚定了反叛的决心，最终建立了大唐江山。

裴寂和李世民本来是有求李渊，而且所求之事几乎不可能成功，反而会带来杀身之祸。在久求无效的情况下，二人采用计策让李渊无路可走，只得听从自己的摆布。

一个"逼"字道破了做事成功的机巧，裴寂和李世民切断了李渊的所有可行路线，只留下"起义"一条路，再稍示利弊，李渊怎能不从？所以，将对方逼到关乎切身利益的底线附近，不用再做什么，对方就会出于自保的本性，而顺遂你的意志。

老人言

多一个对手就多一份威胁,要保证自己的地位,就要及时遏制潜在对手的成长,等其发展壮大,就悔之晚矣。

少些书生气,多点世态心

一些初入职场的人,即使穿得再成熟,也不代表真正成熟,单纯和书生气息仍旧未全部摆脱。北大法学院院长朱力曾经对毕业生说:"社会更多是一个利益交换的场所,是一个市场,是'平民政治'。评价的主要不是你的智力优越与否(尽管你的聪明和智慧仍然可以帮助你),而是你能否拿出什么别人想要的东西,这个标准不再由中心——教师确定,而是分散——由众多消费者确定的。"

因此,我们千万不要把自己十几年来习惯了的校园标准原封不动地带进社会,否则你就会发现"楚材晋不用",只能像李白那样用"天生我材必要用"来安慰自己,更极端地,甚至成为一个与社会、与市场格格不入的人。

在职场交往中,人们常说"这个人城府太深"之类的话,"城府"是个贬义词,谈到"城府很深",大家心中闪现第一个形容词是"可怕",那待人处世的心机、令人难以揣测的用心,让人一想到便不寒栗,与这种人打交道,稍一不慎便会有被玩弄于股掌之上的危险。

其实，从另一个角度看，"城府"难道不是一种人生智慧的代名词吗？

让自己有点"城府"，别总想看上去比别人更聪明。如果别人有过错，无论你采取什么方式指出别人的错误，一个蔑视的眼神、一种不满的腔调、一个不耐烦的手势，都可能带来难堪的后果。人，有时会很自然地改变自己的想法，但是如果有人说他错了，他就会恼火，更加固执己见。人，有时也会毫无根据地形成自己的想法，但是如果有人不同意他的想法，那反而会使他全心全意地去维护自己的想法。不是那些想法本身多么珍贵，而是他的自尊心受到了威胁……

但是，如果急于求得理解，一有所得，不看对象，不分场所，立即发表出来，往往是没有好处的。不要把别人都看成是一无所知的人，其实，你周围的人和你一样，都各有主张，多数人不喜欢采纳别人尤其是下属的主张，因为，这往往会被认为有失身份，有损体面。如果你把同事都看成是庸才，只有你自己有真知灼见，你只会给人留下喜好吹嘘、骄傲自负的恶劣印象，你的人脉附加值将大打折扣。

佳宜是一个个性张扬的前卫女孩，她热爱无拘无束的生活方式，把平凡、规矩、条条框框视为死敌。

大学毕业后,她获得了一家合资企业的面试机会。当天,她的打扮令所有面试官目瞪口呆,露脐装、超短裙、冲天辫,手腕上一串数十个银手链……出门时母亲一再让她穿得"正常"点,她依然我行我素。

佳宜的专业能力和外语口语能力确实不俗,面试官最后和颜悦色地说:"你的条件很优秀,可以胜任这项工作,不过,我想提醒你,我们公司是一家正规企业,着装方面有一定要求,不能太随便,更不允许暴露……"佳宜立刻打断了他:"我的能力与我的衣着没有任何关系,这么穿我觉得最舒服。如果非要穿正装上班,我会连气都喘不上来!"面试官被这么抢白还真是头一遭,他表情严肃起来,冷冷地说:"那么好吧,请你去能让你随心所欲的地方发展,我们公司不欢迎像你这么有个性的天才。"

张扬个性肯定要比压抑个性舒服,但是如果张扬个性仅仅是一种任性,仅仅是一种意气用事,甚至是对自己的缺陷和陋习的一种放纵,那么,这样的张扬个性对你的前途肯定是没有好处的。所以,"走自己的路,让别人去说吧"这种态度从某种意义上来说,在现实生活中是不大行得通的。

社会的发展不会等待我们的成长,当我们雄心勃勃规划自己的事业时,现实可能会给我们当头棒喝。踏入社会,我们就不应该再是一副学生模样了，要多学习社会知识，多懂点人情世故。

做事不由东，累死也无功

《言行录》上有一句老话叫"做事不由东，累死也无功"，大意就是做事不顺应东家的意思的做，累死也没有什么功劳可言。它虽是是一句简单的俗语，却说明了一个显而易见的道理：在工作上，要服从领导的指挥，尊重领导的意愿，听从领导的安排，只有这样才能做好工作。因为领导是处在公司的全局考虑问题，在安排下属工作的时候，也是从大处考虑，不可能为了某一小处的利害而影响大局。如果我们不听从领导的指挥，只一味强调自我个性，自命不凡、自以为是，那么即使做得再多也是徒劳无益的，因为你费力做的这些工作，很可能违背了公司整个计划的初衷。我们何苦做公司那个"刺头"的员工呢？

至于现实工作遇到的种种问题，也要严格按照领导的指示办事。这也并不是说，领导说的就一定是对的，领导也是人，当然也会有出错的时候，我们在此说的听从领导指挥，更大程度上是强调一种精神，一种良好的工作态度。不是说，工作中，领导错了也是对的，我们在发现领导不对的地方当然也要提出，这样才能共同进步。成长的道路中，适应比地位更重要，适应的能力拥有了，地位再变，我们也会很快融入环境。

我们都知道宋代名将岳飞是一个大英雄，却被奸臣秦桧谋害忠良。这也是一个不争的事实。但从社会权力关系利害这个角度考虑一下，秦桧对岳飞的死也仅仅起了一个导火索的作用，真正不想抗金的是当时的皇帝。当时主战的将领们，尤其是岳飞。总上书直言："直捣黄龙，迎回'二圣'，一雪前耻"。这里所说的"二圣"：一是现任皇帝高宗的父皇，另一个是高宗的兄长，之前在被金军掳走。这里存在一个权力相争的问题，一个国家的帝王，是一人之下，万人之上，拥有无上的权力。历朝历代不惜为了帝位，闹出了多少父子、手足相残的事情？这里面临一个问题，迎回"二圣"的话，高宗的帝位是否要让出来？试想，历史上有哪位帝王愿意把至高的王权拱手让人？另外，一些拥戴高宗的大臣们也不见得都乐意迎回"二圣"。俗话说，"一朝天子一朝臣"，老皇帝回銮，一定会找借口除掉高宗的亲信，扶植自己的力量的。

这里举岳飞的例子，并不是要推翻历史，相反的，我们一定要肯定岳飞的这种不畏权贵、大义凛然的精神。我们在此，只想从一个细微的角度，窥探一下：下级不听从上级的指挥，危害了上级的利害关系，会出现的不良后果。正是岳飞正义的精神，危害到了高宗的地位，所以一代忠良，被人诬陷陷害，是多么的让人心痛啊！

明朝的于谦也是一个典型的例子，土木之变后，明英宗被俘，于谦等一干大臣拥立明景帝继位，尊明英宗为太上皇。次年，英宗被释放回到了京都，却被景帝幽禁于南宫之中。后英宗归位，于谦被借故杀死，不得善终。

岳飞、于谦等人的悲剧再次证明了一句古话："做事不由东，累死也无功。"

的确，我们要时刻提醒自己，控制自己的行为。在工作心态方面以及行动方面，都要围绕一个主题：做事不由东，累死也无功。

还曾听过一个事，有一个小伙子，在一家公司做室内设计师，他颇有才华，在公司也很受领导的器重，之前做过几个室内设计的项目也是很受客户的喜欢。

一天，领导又安排这个年轻的设计师，给一位海归的老夫妇做室内设计。一般按照流程，都是要求设计师和顾客之间事前沟通好，整体需要什么样的风格，是古典雅致类的，还是大胆张扬的……但是鉴于这对老夫妇还在国外，联系起来不太方便。于是，这对老夫妇就把设计事宜全权委派给年轻设计师的领导去操作。在一系列的实地房内布局观察，细节设计，选材以及方案设

老人言

定等问题上，领导都提出了自己的建议，认为，这对老夫妇虽然年龄很大，但是他们有多少年的海外生活经验，可能思想和接受事物的理念已经大致接近西方人的思维方式，设计得华贵张扬一点反而更适合。

年轻的设计师却不以为然，认为他们毕竟是老年人，在室内设计的风格上，应该偏重于中式的简约厚重。以前接的几个室内设计的老年顾客一般会选择这个风格。

领导觉得还是不妥，室内设计这项工作，还是要看客户的具体需求，每个人的性格，家庭背景，接受的事物的层次，这些都不是完全相同的，一概按照年龄层次来分是不行的。

于是年轻的设计师听从了领导的建议，把最终方案定在了张扬中不失婉约的风格。经过几个月的努力，工作终于完工，年轻设计师心里还很忐忑，到底这对老夫妇喜欢不喜欢自己的这种设计？如果不喜欢，要返工那对自己的信心将造成很大打击；重要的是，返工这种事情传扬出去，对自己的名声会造成一定的影响，毕竟，室内设计这一行当，口碑很重要。

不久，这对老夫妇从国外归来，验收设计的时候，对年轻人的才华很满意，老太太还很惊讶，"你怎么知道我喜欢这样的风格"？

从这件事看来，领导在工作中考虑事情还是比我们年轻的新人全面，因此，我们应该尊重领导的才能，这样可以避免少走弯路。

所以，一个人要坚定，不管到了那里，不管从事什么样的职业，都要有服从领导的态度。要你做什么，怎么做，都要踏踏实实地做，不要埋怨，就什么都能做好。只要是领导需要，没有退缩，只有前进；没有情绪，只有认同，除非，你想适应下一个工作。一个人老是在不同的公司之间跳来跳去，这可能不是你能力问题了，最大可能的是你的心态有问题了。

第三章

技能纯粹：书痴者文必工，艺痴者技必良

——做一个不可缺少的人才

不怕人不请，就怕艺不精

汤姆是一名技术娴熟的厨师，在马达加斯加的一家知名酒店工作。

一日晚间客流高峰的时候，侍者端回一盘油炸马铃薯并对汤姆说："有位客人说马铃薯切得太厚了，要你在重新加工一下，切薄一点。"汤姆用手捻起一片马铃薯，发现切法与平常没有不同，厚度已经很薄了，而且重要的是，从来都没有其他客人这样抱怨过太厚的问题，但汤姆还是用自己精湛的厨技，将马铃薯全部对切一半，然后再放进滚烫的锅子里油炸好，最后吩咐侍者端了出去。

不一会儿,侍者又把那盘子马铃薯端了回来,无奈地对汤姆说:"那个客人很挑剔,说话犀利的很,埋怨我服务态度很不好,马铃薯怎么还是这么厚?"汤姆也觉得这个客人实在很挑剔,但心想与其跟这样的人理论半天,浪费时间,不如再将马铃薯切薄一点。等再次切好、炸好捞起来以后,他考虑到马铃薯可能会因为太薄而失去本来的味道,于是顺手在上面洒了些许胡椒与盐巴。

不久,侍者却再次拿着盘子走进来,不过,这次不是再次加工,而是笑着说:"那个客人终于满意了,刚刚还嫌太厚不好吃,现在却一个劲地称赞你调理得很棒,还说从来没吃过这么独特的油炸马铃薯。"

从此这个酒店,特色的招牌菜之一就是这道炸马铃薯薄片,它不仅吸引了许多慕名而来的游客来品尝,而且后来这种做法还遍布了全球。这道菜就是:薯片。

"不怕人不请,就怕艺不精。"故事说的就是这个道理。凡事不要贪图走捷径,也不要觉得学的越多越好,只要我们脚踏实地去做,不驰于空想,不骛于虚声,以求真的态度做踏实的工作,并把它做精,做出自己的特色,在工作上不怕没有伯乐。

劳动者劳力,是谋生需要;经营者劳心,也是谋生需要。只要专一,坚持不懈,就会在任何行当取得精湛的成绩。只要技术精湛了，就不会没有出路。人生的好多时候都好比掘井，如果我们选定一个位子，使劲地挖下去，假以时日，定能喝上甘甜的井水，但是如果我们只挖一半，或者是到处乱挖，只是耗费了力气，却不会挖到井水。于是，在我们工作中，千万不要好高骛远，不踏实专攻一业。你可以博览群书，工作也可以身兼数职，专业也可以跨很多领域……但是，你有没有想过，这样你拿得出手的特长是什么？可能你会迷茫。

所以说，我们求职的时候，不要一味抱怨没有伯乐识得，找不到好的工作，与其这样抱怨，不如省下时间，好好想一想自己到底会什么一技之长，如果没有，那干脆回去脚踏实地的学习争取学精一门本领，这样即使你不去找工作，工作自然来找你。

谚语说："艺多而不养身，不专之咎也！"技艺会了很多还没饭吃，说明你不专不精。挖井多而没有水喝，是不专的过错。

所以，在成功的路上，不要左顾右盼，老是艳羡别人的成功，别人的好工作。我们只要相信一条：执着，专一，认真，踏实。在以后的生活和工作道路上，就什么也不怕。不管我们现在所处什么职业，都要好好地干，你如果要获得幸福的爱情，美好的事业，唯专一尔！艺精之时，自然会有人请。

有些人，在学艺不精还牢骚满腹，把不好的情绪带到工作上来，一有事，就吵吵嚷嚷。所谓职场上说的"博而不精"是指这样一些人：学过很多东西，但多而不够专业；做过很多业务，但只学到皮毛，更无从独立担当。这种人在求职或工作的过程中，经常会为如何选择职业或做什么类型的工作而纠结；对于企业，用这样无法独立创造价值的人，他自身都不清楚自己的职业定位，企业又如何为他们安排合适的职位呢？

人在职场，一个基本理念是：胸怀一技，走遍天下，无往不利。许多人在总结自己职场失利的原因，认为自己是不善于吹拍逢迎；不善于融入环境，某个领导老找自己的茬……但是，这些都是为自己没能力找理由。我们在职场不顺的时候，多多试着从自身找原因，不要把事事都推到客观条件。企业找员工，不是为了找朋友、找亲戚，而是为了找能干事的"帮手"，帮自己把企业做好做大。所以，有本事的人，不愁找不到好公司、好位置。

宁在人前全不会，不在人前会不全

"邪邪正正术无边，奇峰主处尚有天。宁在人前全不会，莫在人前会不全。"语出自《西湖佳话》。句子大意就是天外有天，人外有人，宁可什么也不会，也不要什么只会一点点，一知半解。

从前，有一个人生来就是瞎子，所以他一直不知道太阳到底是什么样子。

有一天,他问自己的邻居说:"太阳到底是什么模样的呢?"

邻居那时正好旁边搁着一个铜盘,于是就拿起来,对盲人说:"太阳是圆圆亮亮的一个东西,就像我们日常用的铜盘,你听,这就是铜盘所发出的声音。"

说完,邻居就用力在铜盘上敲了一声,盲人于是在心里牢牢记下了这个声音。

一天,盲人经过一座寺庙,听见庙里和尚敲钟的声音,于是他大声地对身边的友人说:"我知道,我知道,这是太阳的声音。"

和尚对他说:"这是敲钟的声音,太阳是不会发出声音的。"

盲人有些不解地说:"可是我的邻居告诉我太阳就像铜盘。"

和尚说:"太阳不仅像铜盘那么圆,还像蜡烛一样会发光。"

盲人回到家里,就去触摸蜡烛,知道了蜡烛的形状。

不几天之后,盲人在家中偶然摸到了一支笛子,惊喜万分地叫了起来:"你们快来看啊!我终于找到太阳了。"

邻居们闻声赶来,见了他手中的笛子,都大笑了起来。

这那里是太阳啊,就是一根笛子,人们就七嘴八舌的数落盲人。你没见过太阳到底是什么样,你只是听了一些人的片面之词,就以为自己知道了,其实,你只是对太阳的一些特征有了解，并没有掌握全部。盲人听了很是惭愧，再也不敢在人前卖弄自己的所知了。

在现实生活中，我们也经常像故事里的盲人一样，对于事物只是一知半解，甚至是错误的认识，就到众人面前发表高论。对事物一知半解不如完全的不懂；不懂就不会在别人面前炫耀，就不会班门弄斧的嫌疑，而一知半解却容易让人陷入"我懂了"的谜团中，阻碍了自己向别人请教的路，从而导致了自己停止前进，这是很危险的。

塞罗尔说过："世界上最大的麻烦是愚者十分肯定，智者却满腹狐疑。"

杰克是一名机械师，他从小的志向就是要成为一名飞行员。他高中毕业的时候就到空军服役，希望自己能成为一名出色的飞行员。但是，事与愿违，他的视力不及格，因此退役之后，凭借自己在军队学的手艺，在家乡的一家工厂里做了机械师的行当。但是，他还是幻想着自己有一天飞上天空，于是，他经常购买一些飞行方面的书籍，在家研究。

直到有一天，他脑海中冒出这样一个想法："我凭借多年前在空军学到的一点飞行知识，加上自己近几年所看的大量飞行的书籍，我何不自己做个飞行器，使自己飞上天空呢。"于是，他到当地的军用剩余物资店，买了一罐氦气和几十个探测气象用的气球，他认为氦气是能够上升的，那么把氦气装到气球里，就可以使自己升起来。加之，这些气球是非常耐用、充满氦气时可直径达四英尺。

在杰克家的草坪上，杰克用牛皮绳把气球全部固定在一个大吊篮上，然后吊篮的另一端固定在汽车的保险杠上，这样防止在给气球充氦气的过程中，气球升起来。

气球全部充满了氦气，他给自己准备了水、食物和一把气枪，气枪的目的是便于自己在降落的时候，打破其中的一些气球，这样他就可以缓缓滴落到地面上。

等一切工作准备就绪后，他钻到了大吊篮里，然后割断了吊篮与保险杠之间的连接绳。接着，杰克以百米冲刺的速度冲上的天空，这跟自己预先的缓缓升起可不是一回事，他也纳闷，按照自己的经验应该是缓缓地上升呢。他此时，感觉自己已经到了200英尺以上的高空，但气球还在上升，直至到了11000英尺的高度，才最终停下来。在那样高的高空，他不敢再贸然地打破其中的气球，怕再出现预期的意外，这可能会危及性命。他在高空中漂浮了十四个小时了，但是还是没想出好的办法，使自己下降到地面，于是，只能苦苦等待，希望别人能发现他，从而营救他。

终于，等杰克飘到洛杉矶国际机场的上空时，一位机场地面工作人员发现了他，并立刻上报了有关部门。

营救杰克的行动也大费周折，因为洛杉矶国际机场是位于海边，到了夜晚，强劲的海风，会使杰克的气球偏离航向，加之，营救的直升机螺旋桨的巨大风力，不能靠近杰克的气球飞行器，因为靠近，巨大的风力反而会把杰克吹得更远。最终，他们盘旋在杰克的上方，用绳子把他救了下来，到了地面，杰克就遭到警察的逮捕，毕竟他给当局带来非常大的麻烦和困扰。

像上面故事中的杰克一样，自认为对飞行知识已经了如指掌，就开始卖弄，殊不知，对自己，对他人造成多么大的不良影响。这件事中，丢脸是小，可丢了性命可是大事了。

我们在以后的学习和工作中，一定要谦虚，本着"宁在人前全不会，不在人前会不全"的处事理念，多虚心地向别人学习，不要总是觉得什么都知道，什么都精通，这样既局限了自己学习的空间，又给别人造成了困扰，甚至闹出不必要的笑话来，毁了自己信誉。

可能我们在工作中，会遇到好多不能解决的问题，我们也一定要虚心提出来，让大家帮忙一起解决处理。俗话说"三个臭皮匠，顶个诸葛亮"，就是这个道理。拿到工作或任务，千万不要不懂装懂，最后闹得工作没做好，还落得被同事耻笑的下场，那就很不好了。

宁苦干，不苦熬

任何一种工作做得时间久了，都会产生厌倦、前途渺茫的心理。其实，问题并不是出在工作本身，而是人心波澜所致，在工作中，我们要时刻调整自己的心态，任何工作只要坚持肯干，都会有所成就的，如果我们厌烦了工作，只是在那敷衍了事，什么也不会收获的。

有句俗语："宁苦干，不苦熬。""苦干"和"苦熬"说的是两种截然不同的心态，前者体现出一种勇于接受挑战、艰苦奋斗的乐观派心态，而后者则表现了一种安于现状、消极逃避现实的悲观心理。

所谓"路曼曼其修远兮"，有些人看见那些成功人士，站在制高点上，接受众人的崇拜，看着他们一个个神采飞扬、举止典雅，这是我们正在为生活苦苦打拼的普通人，所不能享受到的。但是，我们也要想到，我们付出的可能远远少于他们，我们才没成功。在这光鲜亮丽的背后，你可曾想到他们为之付出了多少的汗水，忍受了多少不堪忍受的孤单、寂寞和挫折，甚至还会受到一些人的指责和谩骂。他们这些都忍了，坚持努力，才有了今天的成就。他们的成功也告诉我们这样一个信念：他们相信只有付出才有收获，为了心中的理想他们埋头苦干，通过长期不懈地努力才赢得人生的精彩。这样成果,不是那些在工作中整天人浮于事的人能取得的。

2006年,一部小成本的荒诞喜剧《疯狂的石头》使得不知名的导演宁浩的名气迅速提升,宁浩不仅因此赢得了业内外广泛的一致的赞誉,还收获了台湾电影金马奖最佳原创剧本、华表奖优秀电影技术奖、优秀数字电影奖和优秀新人导演奖以及第七届华语电影传媒大奖最佳导演等几项的大奖。自此,宁浩这一"疯狂"的风格也在电影节拥有了自己的一席之地,这对于苦苦打拼的他来说也实属不易,他为此也想在这条道上走得更远,更好,更受观众的喜爱。2009年,《疯狂的赛车》又给观众带了视觉冲击,取得过亿票房的叫好成绩,这使宁浩成为继张艺谋、陈凯歌、冯小刚之后第四位取得这样好成绩的内地导演,这样的成绩也为宁浩赢得了好的声誉,同时,也巩固了他青年新锐导演的影坛地位。

荣誉口碑双丰收,这对年轻的宁浩来说可谓是在影坛"少年得志"。他与多数当代中国年轻人的人生道路一样,宁浩也是沿着中国教育的阶梯走过了上学、就业、再奋斗的人生三部曲。

1996年,中专毕业的宁浩被分配到太原市话剧团做舞美设计的工作。那时候正赶上话剧事业发展到低谷,话剧团里人气萧条,极少有演出的机会,连工资的按时发放都是成了一个问题。

老人言

"宁苦干,不苦熬",宁浩先后到自行车厂做过临时工、还兼职过平面设计等自由职业来维持生活。几年后,他不满足自己的现状,只身来到北京求学,通过埋头苦干他考入北师大影视班,多年后等待他的是一场疯狂的蜕变。

其实,我们做任何一项工作,只要肯干,也能干成一门艺术,活出自己的精彩。

一位英国游客马克来美国观光,在此期间,他的美国朋友告诉他一家鱼市,"你必须去看一下,那里真的很特别"。

马克听完朋友的话,非常心动,便驱车赶到了那个鱼市里。那天天气阴霾,按照惯例,鱼市的鱼腥味在这样的天气,更是刺鼻。但是他们进去以后,并没有感觉气味很大。鱼市内,热闹非凡,他们一边互相像抛棒球一样抛掷冰冻的鱼,接力把鱼装上货车,同时,还不忘互相开玩笑取乐:"10条大马哈鱼飞到明苏达州去了!""8只肥美的龙虾游到悉尼歌剧院去了。"这里气氛和谐,虽然工作很辛苦,但大家脸上都洋溢着快乐的笑容。

马克很是不解,就问鱼贩:"你们的工作环境这么不好,为什么你们这么快乐呢?"

鱼贩说:"事实上,几年前这里也是很萧条的,工作很累,很苦,生意一直不景气,大家整天抱怨客人来得少,生活无法继续下去。后来，我们发现，与其每天抱怨生活，得过且过地度过每一天，不如改变心态，努力工作，把卖鱼当成一门艺术去对待，再后来，我们想出了好多方法去吸引顾客的到来，我们的原则就是：只要努力了，定后有好的成果。"

鱼贩接着说："现在，这个鱼市成了人们眼中的奇迹，现在工作还是很忙碌，我们也没有倦怠。天天重复的空中抛掷鱼，我们也练就了杂技演员一样的本领，从来不会失手。我们的这种工作气氛，吸引了好多工作中遇到不顺的人，他们来到这里，跟我们相处久了，自然心情就舒畅，一些企业也为了公司不高的工作效率来这里取经，我们也毫不掩饰，一一讲给他们听，他们也很满意。有时候，我们觉得，工作本身已经不重要，重要的是我们这种踏实肯干、乐观豁达的态度，能给很多人带来快乐。"

生活给每一个人的机会是公平的，我们不要老是抱怨成功的机会来是不来，老是觉得自己的命运是多么的坎坷，不顺利。我们也看看自己周围的那些成功的人，是怎样做的，在我们对工作无聊，发着牢骚的时候，他们还在埋头苦干；在我们回家休息的时候，可能他们还在自己的办公室里面，埋头苦干。我们要多想想自己与成功人之间到底差在了那里。说白了，我们不如他们坚持，不如他们肯干。

长久以来，并不是生活亏待了我们，而是我们幻想得太多，行动得太少；并不是工作本身烦闷无聊，而是我们没把工作作为一项艺术去追求。

失败是块磨刀石

失败就像一块磨刀石，磨炼的是坚强的意志、不屈的决心、永恒的信心，经过失败之后，你的人生之剑才会变得更加锋利。

失败与成功是一个我们与生俱来的、每天都要面对的问题，有关这个问题的知识已经非常的完善和系统，以至于每一个人随口都能说出一大套理论。比如，"失败是成功之母"之类。可是，有多少人可以不惧怕失败？有多少人可以真正面对失败？有多少人可以始终保持奋斗的激情呢？

有一个普通的年轻人，从很小的时候就立志要成为一名受人尊敬的作家。贫寒的家境无法支持他去接受专业训练，他只能自己摸索着锻炼写作技巧。

他用干零活赚来的钱买了许多世界名著，并为自己列了一个非常详细的学习计划。每天从早到晚，他都钻在书和稿纸堆里。周围的人对他的"不务正业"根本无法理解，他努力调整心态，对那些讽刺和讥笑不予理会。

他开始动笔写自己的第一本小说,用了将近一年的时间,写了又改,改了又写,他总是无法非常满意。当写不下去时,他从不勉强自己,而是放下笔,拿出世界名著,来到郊外空旷的田野里,坐在那儿静静地读、细细地想。一旦灵感出现,他会抱起书,以百米冲刺的速度跑回家,趴在桌子上写起来。终于,书稿完成了,他极其兴奋地重读一遍,为自己花费无数心血培育出来的"婴儿"而激动不已。

然而,这份激动只能属于他自己,因为整个城市没有一个出版商肯为他出版作品。尽管如此,他仍然没有气馁,他更加刻苦地去学习名家的作品,把每一点儿想法和火花都记录下来。到了晚上,夜深人静,他便坐在台灯下写起小说来。就这样,他又学了5年,写了5年,然而,5年来的辛勤劳动也没有得到任何一个出版商的承认,那厚厚的一摞摞稿子,不曾有一个字变成铅字。这一切使他非常失意、灰心。

在又一次打击之后,他忽然感到,有一种强烈的悲伤在胸中流淌,他有一股冲动要把这种感觉写下来。他再一次拿起笔,尽情地抒写着,那是一个年轻人的成长故事,命运的不公、人生的坎坷,他有很多的话要说,因为,那就是他自己的生活,就是他自己的遭遇。他找到了长久以来自己作品中缺少的东西——真挚的感情和自我的风格,他在模仿别人的路上已经走得太远了。

将书稿寄出的时候，他的心情非常平静。他想，就是再失败他也不怕了，因为他是在为自己写作，笔下流淌的是自己的心声。

两个星期无声无息地过去了，他早就拿起了笔，开始创作另一部作品。一个下午，他接到了电话，一个温和的声音对他说："你的小说内容很好，非常令人感动，我们准备出版它。"

他终于成功了。长达数年的奋斗，不怕打击和失败，这样经历，给了我们一些启示：只有不畏艰难、不怕失败的人，才能取得真正的成果。

人的一生要找的东西很多，而真正能找到的却很少，重要的不是找到什么，而是你是否一直在寻找。其实，人生是由失败与成功交互堆叠而成的，差别只在两者的次数多寡而已。失败并不可耻，可耻的是心态因挫折而死。

失败一般意味着反省，意味着策略的调整、意识的清醒、方案的检讨。失败不能失去元气，更不能丢了性命，也不能心死，这样才有可能化腐朽为神奇，把失败过程中获得的经验、结识的朋友，取得的各种阶段性成果，加以同化、重组，以便再战。失败正是在这个意义上被称为成功之母，否则，失败就只能是失败。只有卷土重来才能给过去的一切重新赋予新的意义，才能给过去的一切以新的说明。

人生往往都是进两步、退一步。失败是代价，成功是结果。许多人之所以能够成功，就是受赐于先前的屡屡失败。假使他没有遭遇过失败，他恐怕反而不能得到大胜利。对于有骨气、有作为的人，失败反而会增加他的决心与勇气。

跌倒了以后，就立刻站立起来，要学会从失败中求取胜利，这就是古往今来成就伟大人物的一个秘诀。

第四章

行思之道：休将我语同他语，未必他心似我心

——思而不行则无用，行而不思则无功

老马通路数，老人通世故

有一只蝌蚪从卵泡里出来的时候，遇到的第一个动物就是一只小乌龟，它看到小乌龟背着重重的壳，挥动着四肢，很悠闲的样子。小蝌蚪就想我也应该像它一样吧，于是也找了一个空壳背在身上，为此小蝌蚪受了很多苦。直到有一天，它遇到了一只青蛙，青蛙告诉它，不需要背着沉重的壳，我们只需要两腿一蹬，生活就很快乐。

原来摆脱沉重的负担很简单，只要向有智慧的人请教，可能就会绝路变通途。我们在职场之中，也可能遇到类似的问题。一份工作，我们可能接触过这方面的知识，或有了这方面的经验，

会做得游刃有余。但是，我们不可能什么工作都能有十足的把握，那么遇到不会处理的问题，我们就需要向有经验的人请教。要知道"老马通路数，老人通世故"，向有经验的人请教会省下很多宝贵的时间，做其他一些有意义的事。千万不要骄傲自满，看不到别人的长处，这是职场中最不可取的，因为这样阻碍了自己的进步。

在任何一家公司都会有优秀的人和散漫的人，而在我们的周围，肯定也会呈现出有的同事很优秀，有的同事很懒散，整体环境我们是没有办法改变的，但是我们可以改变我们跟谁接触，俗话说"物以类聚"，"近朱者赤"，优秀的人身边总是聚集一帮优秀的人，而当我们跟着优秀的人的时候，我们会受到这些人的熏陶和影响，在对事对人的态度上会变得更加积极。

对于工作年限较短的职场人而言，很容易受到别人的影响。其他人的一言一行不管是好的还是不好的，很易侵入新人的脑子里。有一位刚从学校出来的新人，开始在做事做人还是蛮积极的，也有上进心，但在进一家公司没多久就被一位同事拉去打老虎机，结果天天沉迷在老虎机的赌博中，过了半年他说要戒了，结果还是没戒成，打了近两年的老虎机，工资也耗掉了，精力也耗完了，啥事都没干成。后来一位在职场打拼了多年的领导，看这个新员工起初来公司时的表现还不错，便决定改造他。好在这位年轻人愿意学习，喜欢向这位老领导虚心求教，最终成了该公司的精英。

这个故事告诉我们，我们在人生道路上遇到难题或者人生道路发生了偏差的时候，要想到应该向有经验的人学习，而不是肆意放纵，我行我素。遇到瓶颈、遇到困难，要及时学习，及时改变，以正确的方法向正确的方向迈进，一切问题自然能够迎刃而解。

在一个研究所里有这么一位年轻人：他从小天资聪慧，学业上一路走来，也没遇到什么挫折，一路就升到了现在的博士学位。但是他还是觉得不满意，想申请国外名牌大学的博士后，于是就努力学习自己的专业的文化知识，学习一段时间之后，他发现好多数学公式，自己没法推导出结果，心里很是郁闷，几个通宵埋头钻研，也是不行，于是就打算放弃。

一次，在研究室里，无意中跟一个硕士的师弟谈话，了解到他原来一直就在研究这个领域。于是就虚心向师弟请教，结果很快师弟就一一给了他满意的解答。

其实，事情就是这样，不要以为自己学的比别人多，地位比别人高，就一定认为本领别比别人强。事情也不尽然，只要是能给你人生做出正确指导的人，都是值得我们学习的人，都是我们的良师益友。

在我们的工作中，也常常遇到这样的人。自认为才华横溢，学问满腹，觉得自己比人高一等。在工作中遇到难题，就主观妄断地认为："我这么厉害，这么有经验都不能解决的问题，他们怎么可能解决？"我们一定要放下这种不良的心态，孔子说："三人行，必有我师焉！"连圣人都以为自己的学问不够，有些问题还是需要向他人学习，何况我们这些平庸的凡人呢？放下自己的架子，多多与别人沟通，多多向别人请教，这才是职场的成功之道。

在我们的工作中，也会遇到这样的领导：整天吆五喝六，胡乱瞎指挥。工作中出了问题，不去检讨自己的方法是否有问题，却先想到的是把责任推卸到别人身上。面对这样的情况，我们也不能仅仅为了自保，事事顺从，甚至连公司的利益也不顾。我们最应该做到的，就是要静下心来，先把自己手头的工作做好。要是发现，领导在大方向上出了错误，我们也要勇于提出自己正确的见解，让领导渐渐地明白一个道理：地位不能决定一切，经验和智慧才是最重要的。

你要是自己明白了"老马通路数，老人通世故"这个道理，同时还能影响你周围人的工作态度，使他们摆正自己的心态，那么你已经具备了一个成功人士的潜质，成功离你已经不远了。

姜老辣味大，人老经验多

不要嗟叹岁月的无情，带走了我们的青春，却留下苍老的皮囊。你曾想过，在我们的脑中，记录下了多少人生的历程，这就是财富，而且是岁月赐予老年人的。

年轻的一代，虽然拥有了青春，但是也缺少了丰富的人生阅历。老话说："姜老辣味大，人老经验多"。作为年轻人，何不行动起来，多多向年老有智慧的人学习。这岂不是也是一种智慧：这样我们既能拥有青春的美好，也能享受岁月留下的恩赐。

有这样一个故事，可能我们也听过，但是老生常谈一下，更有助于我们处事。

有一个人，博士毕业分到一家研究所，没想到却成了这个所里学历最高的一个人。

有一天，他一时兴致，就到研究所里的一个小池塘边去钓鱼，其实他不怎么擅长钓鱼。到了那里，正好看见所里的两位老同事也在那里钓鱼。这个博士心里很自傲，想："只是两个老年的本科生，接受知识的层次不一样，估计没什么共同的话题。"于是他只是微微点了点头，算是打了招呼，就坐了下来。

不一会儿，其中一位老同志放下手中的钓竿，伸了伸懒腰，蹭蹭蹭几下，就从水面上如飞般地走到对面去了。博士见到这种情形，嘴巴大张得下巴都快掉下来了。他会"水上漂"？

这可是一个池塘啊，不会的话，是不可能那样穿过去的。那位老同志上完厕所回来的时候，同样也是从水上奔了回来。怎么回事呢？博士生又不好去问，自己是博士哪！怎么可以那么丢人现眼的，这点事情都不知道。

过了一阵，另一位老先生也站起来，紧走几步，噌噌噌地飘过池塘水面上厕所去了。这下子博士更是诧异了："不会吧，到了一个江湖高手集中的地方？真是人不可貌相啊！"但是，博士还是碍于情面，没好意思问两位老先生。

又过了一会，博士生也内急了。但是，这个池塘的两边有围墙，要到去对面的厕所，必须绕十分钟的远路不可，而回所里如厕，又太远，怎么办？博士生也不愿意去问两位老先生，憋了半天后，实在憋不住了，就起身往水里迈："我就不信本科生能过的水面，我博士生却过不去。"

只听扑通一声，博士生栽到了水里。两位老先生赶紧将他拉了出来，问他其中缘由，他问："为什么你们可以走过去呢？难道真的会水上漂？"

两位老先生听完，相视一笑："这池塘里有一条水泥做的小路，由于这两天下雨，水涨了，小路就被稍微漫过了。我们都知道这小路的位置，所以可以踩着快步跑过去。你怎么不问我们呢？"

博士听完，感觉很羞愧，从此也改变了想法，但凡遇事都虚心向别的老同志请教。

学历只代表过去，只有不断学习才能代表自己的将来。尊重有经验的人，才能少走弯路，多干实事。一个好的企业，也应该是有学习型的团队，才能取得成功。一个人，也应该时刻学习，多请教，才能赶上时代的步伐。

古时，一位书生和一位老樵夫做了邻居，但是这位书生一向瞧不起这位老樵夫：一辈子只知道会砍柴，还能会什么呢？

一天，书生家里没有柴烧了，又没有钱买柴，于是决定自己上山砍柴。家里的人都劝说，你请教一下隔壁的老樵夫吧，让他指点一下，砍柴需要带些什么工具。书生觉得没必要问他，自己读了这么多书，难道还不如一个老樵夫知道得多。

到了山下，书生就开始攀爬山道，但是脚下的草鞋已经腐朽，一使劲就扯破了。书生很是沮丧，于是只好蹲下来，开始用一些新的麻绳织补草鞋。

等草鞋弄好之后，好容易爬到山上，找到一个可以做柴草的矮树枝，这时，发现斧子太钝了，根本砍不动。于是匆匆忙忙赶回家，重新研磨了斧子和锯子。等他返回山上的时候，天已经黑了，他夜间害怕豺狼，就沮丧地回到了家里。他付出的代价是：

有米下锅，无柴烧火，饿了一夜的肚皮，又遭到家人的埋怨。

这个书生得了这个教训，在以后每遇到疑难的问题，都虚心地向邻里请教。不久之后，他科举成功，做了一个县的县令，在任上也是不忘向县里有经验的长者请教。

愚者做事，只知道苦干、蛮干，不知道向别人请教的重要性。因此愚者做事时就做不到心中有数，只能眉毛胡子一把抓的乱干一气，虽然做了很多事情，不但效果不佳，反而非常忙碌，感觉到压力太大；但事情即使干成时，也因为精疲力竭，没有很大的成就感。再以后，他对做事情就感到力不从心，因而就渐渐地害怕做事情，这样长此以往，就失去了做事情的能力。成功对于愚者来说，是难上加难的事了。

所以，我们在职场中，要像智者那样，有了自己的目标以后，多向前人、有经验的人取经，做到心中有数，这样达到目标的概率就会提高一半，成功对于智者来说，何难？

在此还要说一点，值得注意的是：我们在向别人请教的时候，并不是要求一味听从别人。而是要保留自己本色的基础上，吸取别人的经验，并加以甄别。毕竟，时代在变，环境也在变，老一辈的某些经验可能在当时的社会条件下，是正确的，拿到现代，可能就不是很合适。所以我们干什么事，就用一个发展的眼光来对待，相信不久以后，你的经验也会为他人所用。

留条后路，多条出路

"不给自己留后路"，这作为破釜沉舟、一往无前的精神体现，是无可厚非的，可是现实生活中往往充满了变故与无常，勇往直前固然可敬，但也可能因此被撞得头破血流，最终走到山穷水尽处。

美国田纳西州有一位秘鲁移民，他拥有6公顷山林。在美国掀起西部淘金热时，他变卖家产举家西迁，在西部买了90公顷土地进行钻探，希望能找到金沙或铁矿，他一连干了5年，不仅没找到任何东西，最后连家底也折腾光了，不得不又重返田纳西。当他回到故乡时，发现那儿机器轰鸣，工棚林立。原来，被他卖掉的那个山林中就有一座金矿，新主人正在挖山炼金。如今这座金矿仍在开采，它就是美国著名的门罗金矿。

做事留有余地，给自己留一条退路，就不至于落得一败涂地的下场。年轻人阅历浅，说话、办事易冲动。事情如果做尽做绝，就如同话说尽说绝一样，不是伤人就是被别人伤。当事情做到绝处，力、势全部耗尽，想要改变就难了。在做事时要有所保留，以便容纳一些"意外"，给自己留条后路，留下回旋的余地。

木秀于林，风必摧之

古人云："木秀于林，风必摧之。"每个人都有不安全感。当你在世人面前展现自己、显露才华时，很自然会激起各式各样的怨怼及嫉妒。这是可以预料的，你不可能一辈子都在担忧别人琐碎的感受。然而，对于那些位居你上位的人，你必须采取不同的对应方式。如果想要获得权力，抢过上司的风头或许是最严重的错误。

法国国王路易十四的财政大臣富凯是一位生性爱挥霍的人，他的生活充满着奢华的宴会、漂亮的女人及笙歌宴舞。富凯精明干练，是国王不可或缺的左右手，因此在首相马萨林去世时，他满心以为自己会被任命为继位者，没想到国王竟决定废掉首相的职位。富凯怀疑自己已失宠，因此他决定策划一场前所未有、最壮观的宴会来讨国王欢心。

当时欧洲最显赫的贵族以及最伟大的学者都参加了这场盛大的宴会，莫里哀甚至为了这次盛会写了一出剧本，并亲自表演。宴会上的佳肴珍馐令客人们大开眼界，富凯为了向国王致敬而聘人制作的音乐流泻其间。宴会一直延续到深夜，宾主尽欢，除了国王，所有人都认为这是最令人赞叹的盛事。

遗憾的是，富凯的地位并没有因这场奢华的宴会而获得提高。第二天一早国王就下令逮捕了富凯。不久富凯被控窃占国家财富，他被送进一所最与世隔绝的监牢，在单人囚房里度过了人生最后的时光。

为什么会有这样的结局？很简单，因为国王傲慢自负，他希望自己永远是众人瞩目的焦点，永远高高凌驾于臣民之上，他无法容许任何人在任何方面超越自己，掩盖了他的王者光芒。然而天真的富凯却抢尽了主子的风头，用这种方式向主子示好，无异于自取灭亡。

如果你的内在如明珠般熠熠生辉，那么你就必须学会回避爱慕虚荣的人，否则就得找到方法，在做好本职工作的同时，尽力隐藏自己身上那些最为闪光的特质。通过众多历史的教训，你会发现掩饰长处并非弱点，只要最终可以帮助你握有权力，便不失为明智之举。也许开头会让其他人抢尽风头，但总好过成为他人不安全感下的牺牲品。到时当你决定脱颖而出，你早就已占尽了有利条件。

枯树不结果，谎言不值钱

谎言总是会被揭穿的，只是或早或迟的事。坚持说真话有时候可能会吃亏，但是在自己的内心却会非常坦然；反之，一旦养成了谎话连篇的坏习惯，却可能抱憾终生，甚至处处碰壁。

俗话说"枯树不结果,谎言不值钱",意思是枯树是不会结果子的,谎言也不会成真的。这是告诫我们:谎言是短暂的,不会支撑我们走得太远。每个人为了各种各样目的而说谎,但谎言本身的性质,决定了我们只要一开口,就已经被对方识破了心机。说谎话,在某种程度上,可以暂时掩人耳目,然而时间一长,听者就会渐渐醒悟过来,不好的影响也就接踵而至。更有甚者,在你说谎言时,并不揭穿你,但等你处在关键时期或暗自得意之时,再给你致命的一击。这样对你的人生是很危险的,也许,你此时正处在事业的高峰期,这样一来,你的事业就会受挫。所有说谎的后果,你要自己承担,但你仍不确定当初说谎是否正确。

美国第一任总统华盛顿小的时候,就是个诚实的孩子。一天,父亲送给他一把小斧头。那小斧头明晃晃的,而且小巧锋利。华盛顿很喜欢父亲给的这个礼物。他经常看到父亲拿着大的斧头砍树,心想:"大斧头能砍倒大树,小斧头能不能砍倒小树呢?我要试一试。"

他看到自家花园角落里有一棵小樱桃树,微风吹来,樱桃树的枝条在左右摇摆,好像在向他招手:"来吧,华盛顿,在我身上试试你的锋利的小斧头吧!"

于是,华盛顿快步跑过去,举起这把小斧头向小樱桃树砍去,只听"咔嚓"一声,小树被砍成了两截,躺倒在地上。

傍晚，父亲回来了，看到那棵茁壮成长的樱桃树倒在地上，很生气。他问华盛顿："是谁砍倒了樱桃树？"

华盛顿此时才明白自己闯了祸，心想：今天准得挨揍啦！可他从来不说谎，就对父亲说："爸爸！是我砍倒了这棵樱桃树。我只是想试一试这把小斧头快不快，你惩罚我吧！"

父亲听了华盛顿的回答，不但没有打他，还把他抱了起来，高兴地说："我的好孩子，爸爸宁愿损失一千棵樱桃树，也不愿你说一句谎话。爸爸这次原谅你，因为你是诚实的孩子。不过，以后再也不能随便砍树了。"

华盛顿认真地点点头，把父亲的这些话牢牢记在了心上。

诚实的力量是多么伟大啊！华盛顿说了诚实的话，非但没有挨打，反而受到父亲的认可和表扬。如果华盛顿当时为了害怕惩罚，说了谎话，即使当时没有得到惩罚，父亲不久后也会发现是他做的，因为樱桃树是被锋利的小斧头砍伐的，不是他还能是谁？到头来，可能还会得到更严厉的处罚。诚实对于一个人是多么的重要，也许正是华盛顿的这种从小诚实的态度，支撑着他走得这么远，最终成了美国开国的总统。

在我国历史长河中，也不乏诚实可信的智者。

曾子，是孔子的学生。有一次，他的妻子到集市上去买日用品，他的儿子哭着要跟着母亲同去。曾子的妻子没办法，就撒谎哄骗孩子说:"你先回去,在家等我回来,一会我给你杀猪炖肉吃。"孩子信以为真,一边高高兴兴地跑回家,一边喊着:"要吃肉了,要吃肉了。"

孩子一整天都待在家里等母亲回来,邻居家的玩伴来找他玩,他都不想去。他一个人依靠在墙根下,静静地等着母亲归来,这样就能吃到香喷喷的猪肉。

傍晚,孩子远远地就看见母亲回来了,他快步上前去迎接,一边喊着:"母亲,杀猪炖肉吧。"

曾子的妻子却说:"我们家只能靠着这头猪,勉强维持生计呢,怎么能随便就杀掉呢?"

孩子心里很委屈,就哭了起来。曾子闻声赶来,知道了事情的经过以后,也没说什么,转身就回到屋子里。过了一会儿,他举着一把菜刀出来了,曾子的妻子看到这种情景,一时吓坏了,因为曾子一向对孩子管教很严格,以为他要教训孩子呢。于是,连忙把孩子搂在怀里。

哪知曾子却径直走向了猪圈。妻子不解地问:"你举着菜刀去猪圈里干啥?"

曾子毫不思索地回答:"杀猪啊!"

他的妻子听完他的话,以为他开玩笑,于是笑着说:"不过年不过节杀什么猪呢?"

曾子严肃地说："你不是答应过孩子要杀猪炖肉给他吃的，既然答应了就应该做到。"

妻子刚开始还不以为然，说："我只不过是哄骗孩子听话而已，和小孩子说话何必当真呢？"

曾子说："对孩子就更应该说到做到了，不然，为人父母的撒谎，也要孩子学着家长撒谎吗？大人都说话不算话，以后有什么资格教育孩子呢？"

妻子听完这话，惭愧地低下了头，夫妻俩真的杀了猪，炖肉给孩子吃，并且还宴请了乡亲们，告诉乡亲们教育孩子要以身作则，千万不要撒谎。

虽然曾子的做法多少有些愚钝之嫌，但是他却教育出了诚实守信的孩子。

我们现代人，也不能输给古代人。在工作当中，一定要诚实，知之为知之，不知为不知。千万不要为了逞一时的面子，而不懂装懂，那样不仅会做不好工作，有可能还会毁了自己的前程。试想，那个公司会愿意要一个谎话连篇，不切实际的人。

曾经听过这样一个求职的事情：

一个大学刚毕业的小伙去一家企业面试，正好遇见一个中专毕业的小姑娘也去面试。这个小伙子，内心很高兴，想：一个中专毕业的，学的东西肯定没有我全面，肯定竞争不过我，我还担心舍什么呢。

一会,面试开始,面试官发给他们两个人每人一份简历表,要他们填写。这个小伙子感觉自己得到这份工作十拿九稳,但是在读到特长一栏的时候,小伙子还是犹豫了:到底填什么好呢,平时虽然计算机、英语等都涉猎了点,但是不精通啊。最终小伙子填上了自己一知半解的几个项目。

可是谁料想,面试官拿到这份简历的时候,下一步,就是要他们演示一下自己的特长。这回小伙子傻眼了,最后很尴尬地什么也没做出来。可是反观那个中专的小姑娘,人家老老实实只填了会计算机一点皮毛,最后却录用她。

这个小伙子很纳闷,同样不会,怎么录用了她?得到的答案是:她很诚实。

身在职场或正在找工作的人,反省一下自己,是否有类似上面小伙子的不诚实的现象,以此为戒吧。要记住"枯树不结果,谎言不值钱"。

伤人之言,深于矛戟

老人言:"与人善言,暖于布帛;伤人之言,深于矛戟。"意义是说:出自好心的话,会令人感觉比布帛还要温暖;伤人的话，比用矛伤人还要厉害。人在与别人相处的过程中，也一定要注意自己的言行，一定不要戳到别人的痛处。说话避开别人的要害，不仅是技巧，也是一种修养。

杰克是一个坏脾气的孩子，他父亲给了他一袋钉子。告诉他，每当他发脾气的时候，就自觉地钉一个钉子在后院的围栏上。

第一天，杰克就钉下了37根钉子。慢慢地，每天钉在围栏上钉子的数量减少了，因为他发现控制自己的脾气比钉那些钉子容易得多。

终于有一天，杰克再也不会失去耐性，乱发脾气。他把这件事告诉了，父亲说，从现在开始，每当他可以控制自己脾气的时候，就拔出一根钉子。一段时间之后，杰克告诉父亲，他终于把所有钉子给拔了出来。

父亲很高兴，拉着杰克的手，来到后院说："你做得很好，我的孩子，但是你看看围栏上那些被钉子戳的洞，又深又丑陋。这些围栏将永远不能回复到从前的样子了。这就如你生气的时候说的话，就像钉子一样会在别人的心里留下疤痕。如果你拿刀子捅了别人一刀，不管你说多少次对不起，那个伤口将永远存在留在身上。话语的伤痛，有时候比真实的伤痛更令人无法承受。因为身体的疼痛是存在一段时间，那么言语的伤痛可能是一辈子。"

人与人之间可能会造成一些不必要的伤痛，有些可能是无意识中的一句话，有些可能是一时冲动，但造成的伤痕，可能很久都会记在心里。如果我们从自己做起，试着宽恕和原谅他人的过错，不要说一些过激的言语，别人可能也同样对待你。世界是公平的，你为别人开了一扇窗的同时，别人也可能会为你开另一扇窗，这样我们就可以看到更广阔的外部世界。

很多年前，有位老人还是一个正当壮年的年轻人。他像那个年代的农民一样，祖祖辈辈生活在山脚下的村子里，靠山吃山，靠水吃水。但是他也继承了农村的一些相对保守的思想，比如，重男轻女。没办法，他一辈子没出过大山，不知外面的世界怎样，只能遵守父辈们传承下来的一些东西，他以为这就是绝对的真理。

他们村里有一位去山外学过艺术的医生。这个医生为人很好，待人接物总是客客气气，好像从来没有烦恼似的。村里人生病了，没钱给，他也总是不计较了。为此村里人都很敬重他。

那时候，老人最小的儿子在半夜突然发起了高烧，哭闹得厉害。他心里很着急，于是，就半夜去敲医生的门。但是很久之后，他听见医生的老婆喊："医生没在家，去镇上进药品去了，没回来。"

老人言

没办法，他只好回到家了，眼看着儿子脸蛋烧得红彤彤的，嘴唇干裂，心里很是难受，好不容易熬到天亮，就去医生家里，看看回来了没。到了之后发现医生正在吃饭，他顿时火冒三丈，说："我的儿子烧得那么厉害，就等着你回来救命呢，你反倒吃起饭来了？真是事不关己不着急啊！"

医生听完这话，愣了一下，也没说什么，放下碗筷，背起药箱，就跟着他来到了家里。医生给孩子打完针，烧很快就退了，医生也嘱咐几句，不要吃生冷的，多穿衣服等，就回去了。

后来，他才知道，是医生的老婆没有告诉医生孩子生病的事，以为吃完饭去也不晚，结果造成这个误会。从此之后，他每次见了医生都很尴尬，但是也没那个脸前去道歉。关系就这么一直尴尬地悬着，医生还和没事人一样照样和和气气的，但是他的心里可是愧疚死了。不几年，医生的老婆得了癌症，不治而亡，医生从那以后，就很消沉。过了几个月之后，医生全家搬到山外大城市的大女儿家去了。

老人从医生搬走，就一直想："医生要是回来探亲，我一定向他道歉，可是等到现在，他也没回来过……"这已经成了老人一生的痛，他当时用言语戳伤了别人，到头来伤得最深的也是自己。

我们在工作中，一定要养成宽以待人的好习惯，不说伤害别人的话，不随意嘲笑不如自己的人，要多看到别人的长处。你这样做了，别人才可能这样对你。

一个篱笆三个桩，一个好汉三个帮

俗话说："一个篱笆三个桩，一个好汉三个帮。"还有句古话说得好："三个臭皮匠，胜过一个诸葛亮。"个体不同，就各有各的优势和长处，所以一定要善于发现别人的优势和长处，取之所长，补己之短。

一个人不能单凭自己的力量完成所有的任务，战胜所有的困难，解决所有的问题。须知借人之力也可成事，善于借助他人的力量，既是一种技巧，也是一种智慧。

《圣经》中有这样一则故事：当摩西率领人们前往上帝那里要求赠予他们领地时，他的岳父杰罗塞发现，摩西的工作实在超过他所能负荷的。如果他一直这样的话，不仅仅是他自己，大家都会有苦头吃。于是杰罗塞就想办法帮助摩西解决问题。他告诉摩西，将这群人分成几组，每组1000人，然后再将每组分成10个小组，每组100人，再将100人分成两组，每组50人。最后，再将50人分成五组，每组10个人。然后杰罗塞告诫摩西，要他让每一组选出一位首领，而且这个首领必须负责解决本组成员所遇到的任何问题。摩西接受了建议，并吩咐负责1000人的首领，只有他才能将那些无法解决的问题告诉自己。自从摩西听从了杰罗赛的建议后，他就有足够的时间来处理那些真正重要的问题，而这些问题大多数只有他自己才能够解决。简单一点说，杰罗塞交给摩西的处理问题的帮手，其实就是要善于利用别人的智慧，善于调动集体的智慧，用别人的力量帮助自己克服难题。

很多事情就是这样的，当我们无力去完成一件事时，不妨向身边可以信任的人求助，也许对我们来说费力不讨好的事情，对他们来说却可能不费吹灰之力就能轻松搞定。与其自己苦苦追寻而不得，不如将视线一转，呼唤那些有能力解决问题的人。

所谓孤掌难鸣，独木不成桥，在这个世界上没有完美的人，你不完美，他不完美，但如果你们可以完美地结合在一起，就能取得意想不到的成功。

我们时常看到有些没有血缘关系的人，结成亲兄弟般的友谊，互相帮助、互相提携，也可称之为"利用"的一种关系。

利用不是一个丑恶的东西，而是各取所需。一个人，无论在工作、事业、爱情和休闲哪方面，都离不开这种人与人之间的相互利用。因为各人的能力有限，人际关系有所不同，而必须相互利用。借他人之力，正是一个人高明的地方。

就社会和自然状况来看，孤单的，斗不赢拉帮结派的。一个人在社会中，如果没有他人的帮助，他的境况会十分糟糕。普通人如此，一个成就大事业的人更是如此。如果失去了他人的帮助，从而不能利用他人之力，任何事业都无从谈起。

借人之力，利用他人为自己服务，以让自己能够高居人上，这是一个人很难能可贵的地方。尤其对自己所欠缺的东西，更需要多方巧借。

善于借助别人的力量，善于利用别人的智慧，广泛地接受多家的意见，多和不同的人聊聊自己的构想，多倾听别人的想法，多用点脑子来观察周遭的事物，多静下心来思考周遭发生的一些现象，将让你受益匪浅。

忍一时风平浪静

中国传统理念所强调的"忍"，是针对人的品性修养而言的。因为人活在世上，难免会遇到各种问题。如果我们能很好地控制自己，那么就会少一些麻烦，多一些包容。"猝然临之而不惊，无故加之而不怒"，这就是问题出现时，人应该具备的个人修养。

欧玛尔是英国历史上著名的剑手。在他的30年职业生涯中，

老人言

他有一个与他势均力敌的强劲对手,两个人决斗了这么多年也不分胜负。

在一次决斗中,对手从马上摔了下来,欧玛尔持剑跳到他的身上,按照剑术规则,一秒钟就可以刺死他。

但是正在欧玛尔犹豫的时候,对手却往他脸上吐了一口唾沫,按照常理,一般人都不会再犹豫,直接结果了他。欧玛尔此时,却做了一个惊人的举动,停住了,说:"你今天处在劣势,我们明天再打。"

欧玛尔自己也说:"30年来,我一直在克制自己,修身养性,让自己不带着一点怒气作战,所以,我才能常胜不败。刚才你吐口水的瞬间,我动了怒气,但我多年培养出来的修养,使我克制住了。如果在那时杀了你,我就失去了一个好的对手,成功对我还有什么乐趣?"

对手很感动,从此甘拜下风,做了欧玛尔的学生。

苏洵在《心术》中说:"一忍可以支百勇,一静可以制百动。"由此可见,能够自我克制的人才能真正把握好自己的生活。志之难也,不在胜人,在自胜。战胜自己是人的意志所不容易做到的事,而一旦做到了,就意味着掌控了自己的人生航行。如果达到这个境界,世上什么难事我们不能解决。

黎元洪清末在湖北任职时,一直屈就于张彪之下。张彪是张之洞的心腹，张彪心胸狭小，嫉贤妒能，对黎元洪十分的反感。于是他常在张之洞的面前进谗言，诋毁黎元洪。

然而，黎元洪也非池中之物，也不甘于为人之下。他明知张彪背后进谗言诋毁自己，但是也不迎其锋芒，而是"平敛锋芒，海涵自负，绝不自显头角，以防异己者攻己之隙"。

1907年9月，张之洞任命军机大臣，东三省将军赵尔补授湖广总督。赵尔看不起张彪，要用黎元洪代替张彪，黎元洪没有接受。之后不久，黎元洪把这件事告诉了张彪，并建议他致电张之洞，让张之洞处理此事。很快，张之洞来函，才保住了张彪的位置。为此张彪很是感激黎元洪，张之洞也认为黎元洪颇有诚心。

张之洞很看重黎元洪的"笃厚"，说："黎元洪恭慎，可任大事。"

黎元洪通过"忍"以及极力帮助张彪，使张彪改变了对自己的态度，这样等于在湖北扶植了一个自己的力量，在关键时刻，可堪大用。

能做大事者，一般不拘小节。有可能此人欺负到自己的头上，还要笑脸相迎，黎元洪就是做到这一点。忍者无敌，那些在历史上有所作为的人，绝不会做因小失大、得不偿失的事。

韩信是汉朝初期的一员大将，很小的时候就失去了父母，主要靠钓鱼换钱维持生计,因此也经常受到周围人的歧视和冷遇。有一次,一群街头恶霸当众羞辱韩信,其中有个屠夫说:"你虽然长得又高又大,也喜欢佩剑到处招摇,但其实你胆子很小。有本事的话,你敢用你的佩剑来刺我吗?如果不敢,就从我的裤裆底下钻过去。"韩信自知势单力孤,硬拼很可能会吃亏。于是,当着众人的面,从屠夫的裤裆下钻了过去,这事一直被许多人所耻笑。不过后来韩信跟了刘邦成了一番大事业,史书上将这段故事称为"胯下之辱"。

有人分析说:韩信若想保住自己的人格尊严不受胯下之辱,只有三条出路可供选择:一是拔剑拼杀,可能因此惹上官司;二是装作若无其事,可能被毒打一顿;三是夺路而逃,但对方不会善罢甘休。这样看来,只有忍辱负重,才是生存之道。

常言道:"忍一时风平浪静,退一步海阔天空。"韩信只是不与胸无大志的人一般见识罢了。心怀大志的人,都是善于冷静地处理问题,能够权衡轻重,以最小的代价换取最大的利益的人。

在职场中,我们也会遇到嫉贤妒能的人,也会遇到言语刻薄的人,甚至会遇到对我们使用武力的人,那么我们应该做的并不是以牙还牙,以眼还眼,而是要克制自己,凡事先"忍"之后,再仔细谋略,而后行动。这样我们做事才能想得更全面周到,从而把一些事情的不好的影响降到最低。

试想，我们工作不就是为了能有一个更好的生活。美好生活的前提就是有一份自己喜欢的工作或事业，能实现自己的人生价值。这些达到了就够了，至于那些烦恼事情的出现，都是其中的一些小插曲，我们完全没必要计较太多。

无声胜有声

如果想成为一个讨人喜欢的人和一个成功的人，应该学会在说话之前先倾听别人的意见。

有一位美国管理学专家说过，高效经理人的秘诀之一，就是先倾听别人的意见。这一方面体现了对别人的尊重。作为下属，如果他的老板能够专心倾听他说话，他会感到幸福。作为合作伙伴，如果对方给他首先说话的机会，他会对其马上产生好感。另一方面，只有听了别人的意见，才能够知道他心里想的是什么，也就能相应地做出反应，有利于决策的优化。而如果不愿意倾听别人的话，则会让人非常不快，弄不好还会闹出冲突来。

在商场上应该遵循先倾听别人说话的原则，在日常生活中也是一样。人们都喜欢别人认真倾听自己的话，然后根据听到的来表达自己的意见。是否在说话之前先倾听，在处理人际关系上差别是非常大的。

格林先生从商店买了一套衣服,很快他就失望了,因为衣服会掉色,把他的衬衣领子染成了黄色。他拿着这件衣服来到商店,找到卖这件衣服的售货员,想说说事情的经过,可他在失望之上又加了一层愤怒。售货员根本不听他的陈述,只顾自己发表意见。

"我们卖了几千套这样的衣服,"售货员生命说,"从来没有出过问题,您是第一位,您想要干什么?"她的语调似乎表明:你是在撒谎,你想诬赖我们。

他们吵得正凶的时候,另一个售货员走了过来,说:"所有深色礼服开始穿的时候都多多少少有掉色的问题,这一点办法都没有。特别是这种价钱的衣服。"

"我气得差点跳起来,"格林先生后来回忆这件事的时候说,"第一个售货员怀疑我是否诚实,第二个售货员说我买的是便宜货,这能不让人生气吗?最气人的还是她们根本不愿意听我说,动不动就打断我的话。我不是去无理取闹的,只是想了解一下怎么回事,她们却以为是上门找碴的。我准备对他们说:你们把这件衣服收下,随便扔到什么地方,见鬼去吧。"这时,商店的负责人沃特女士过来了。

首先,沃特女士一句话没有讲,听格林先生把话讲完,了解了衣服的问题和他的态度。这样,她就对格林先生的诉求做到了心中有数。结果,她对格林先生道了歉,说这样的衣服有些特性没有及时告诉顾客,请求他把这件衣服再穿一个星期,如果还掉色,她负责退货。当然,对被染色过的衬衣,她送给了格林先生一件新的。

艾萨克·马科森大概是世界上采访著名人物最多的人之一。他说,许多人没有能给别人留下好印象,是由于他们不了解别人的意见,只是自顾自地发表意见。"他们如此津津有味地讲着,完全不听别人对他讲些什么。许多知名人士对我讲,他们重视首先听别人意见的人,而不重视只管说的人。然而,看来人们听的能力弱于说的能力。"

小姜和几个同学代表系里参加学校组织的辩论赛,在辩论过程中他们慷慨发言,说理举例都非常独到,把对方同学压得根本插不上话,获得现场的阵阵掌声。但是结果他们却输给了对方。主持辩论赛的老师在解释原因的时候说:"政治系的同学确实很有水平,口才也非常好,这是值得称赞的。但是他们好像太善于表达自己的意思,而不善于倾听别人的意见了。结果,两个系的同学各说各的,反而不像在辩论了。同学们应该记住,在表达自己意见之前,先要搞清楚别人的想法。要达到这个目的,就要注意倾听,不会听的人很难成为一个成功的表达者。"

每个人都有很强烈的表达欲,但是要想让别人对自己更有好感，同时让自己的表达更有针对性更能被别人接受，一定要暂时压抑这种表现欲，听听别人是怎么想的。

三思而后行

人生就像一盘棋，一着不慎，满盘皆输。棋局可以重新来过，人生却没有再来一次的机会。请重视你自己的每一个决定，要用心地再三思考，不要因为草率行事而滑入命运的深渊。

一个人无论做什么事都需要"三思而后行"，否则就会出现不堪设想的后果。与其为了日后的不如意而痛悔，何不在行事前谨慎、再谨慎一些？

赵兵大学毕业后不久便顺利地找到了一份比较理想的工作。公司负责人口头承诺为他报销出租车发票，赵兵抓住这个"难得的"机会，能"打的"就"打的"，半年下来，居然累积了数额达几千元的出租车发票。他将发票拿到财务科报销，却被告知公司有报销额度限制，而且新员工不享受这项待遇。赵兵勃然大怒，认为公司领导言而无信，他连招呼也不打，就愤怒地离开了公司。

令赵兵万万没有想到的是，这一时的"潇洒"会让他付出惨痛的代价。他满以为能很快再找到一份新工作，事情却没有他想象得这么顺利。相对应届大学毕业生，许多工作单位更青睐具有3年以上工作经验的"老手"，而赵兵那段不太光彩的辞职经历也成了他的"致命伤"，每当一些单位问起他为什么这么快就辞职的原因，他都不知道如何回答。在经历多次求职失败后，他自嘲已成为职场上的"弃儿"，至今也没有找到合适的工作。为什么当初不先考虑周全再做决定呢？他常常这么问自己。

赵兵之所以会有这样的遭遇，是因为他还缺乏容纳社会、完善自我的心态，盲目贪图"便宜"，出了问题就一走了之，根本不去思考这样会给自己带来什么样的后果。这是一种缺乏经验和历练的典型表现，是一种不成熟的处世作风。

如果赵兵能够在做每一件事之前，留些思考的时间和余地，问问自己什么能做，什么不能做，就不会走到这么困窘的地步。

"三思而后行"的古训出于《论语》，这句话的意思非常明确，就是说我们要养成做事前多思考的好习惯。

"三思而后行"并不是胆小怕事、瞻前顾后，而是成熟、负责的表现。做事比较冲动的人，往往凭第一感觉，凭一时的冲动，结果有很多时候考虑问题不是很周全。比如有的事，是自己找当事人去说，还是让领导出面去说，效果就有很大的不同。

因此决定做一件事的时候，特别是面临重大问题时，必须要进行全方位的考虑，拿不准的时候多听听旁人的意见，也很有好处。

在行动之前，必须用心去观察和思考，选准自己的方向。否则，盲目行事，见到利益就上，只会因小失大。

"三思而后行"对问题的解决有很大的帮助。但是在这个快速多变的社会中，稍一犹豫，机会便会瞬间错失。有的时候考虑得太多也不好。正如鲍威尔曾经讲过的：在作决策的时候需要在掌握40%至70%信息的时候做出你的决策。信息过少，风险太大，不好决策；信息充分了，你的对手已经行动了，你就出局了。

但你必须清楚一点，"三思而后行"与快速地把握时机并不矛盾，做事情要学会把握时机，同时在决策的时候还要多去思考。这样的人才有希望达到成功的彼岸，才能立于不败之地。

财富篇

第一章

买卖经：千卖万卖折本不卖，酒饮席面话讲当面

——既大手笔，也要精打细算

货有贵贱，识货上策

人生要有"伯乐"，才能更好地施展才华。生意场上也是如此，货物拿到市场上叫卖，就是为了卖的一个好价钱。但市场的商品琳琅满目，商家要想拔得头筹，仅仅靠质量上乘，是远远不够的，寻到识得自己货的行家，才是上策。这也是常言道"货有贵贱，识货上策"的道理。

秦琼卖马可能为我们所耳熟能详。隋唐大英雄秦琼，家中颇有些积蓄，加之他为人性情豪爽，济困扶危，在当时人称"小孟尝"。在他一生中，从不把钱财看得那么重要，在一次办差途中，一时疏忽，没带够盘缠，欠下店家几两银子的食宿钱。因一时拿

不出这笔银两，店家不依不饶地向他追讨，没办法，只能卖掉自己的马去还债。

他的千里驹黄骠马，马瘦、毛长、不显肥壮，秦琼把马牵到马市上不但卖不出去，反而受到一群不识马的人的奚落。幸亏遇到识马的苏老儿，苏老儿说："卖金须向识金家！"于是引荐他到单雄信的庄园去碰碰运气。到了那里，单雄信果然识得此马的价值，出了高价，这才将黄骠马卖了出去，还了店主的银两，解了一时之困。从此以后，秦琼不仅与单雄信结为异性兄弟，共兴大唐，黄骠马也依然是秦琼的良骑，陪伴他驰骋战场，打天下。从秦琼卖马的经历中，我们可知：货物再好，没有识货的买家，也不会卖上好价钱。千里驹黄骠马，牵到马市上竟没人识货，幸亏遇到识货的行家，否则这匹好马就被埋没了。看来做买卖的人能遇到一个识货的买家是多么的重要啊！

有一家企业，生产了一批高质量的牛皮女士包，由于作为原材料的牛皮，是从内蒙古高价收进。在技术上，又聘请了几个有很多年经验的老师傅在厂里亲自指导。在皮的加工选材方面，也经过了严格的筛选，只选用头层的牛皮制作。皮包最后完成之后，外观精致，皮面圆润，一看就是上乘的货色。

企业的领导很高兴，于是想把这批货尽快推入市场，以便回笼资金，从而扩大自己的生产规模。

刚开始，他们在制订销售计划的时候，考虑到这是女士的包，要面对女士多的地方打开市场，于是一番成本定价，市场调查之后，他们决定在市场的里面租的摊位，推销自己的产品，他们有这个想法，主要考虑到两点，一是，市场内买菜购置日常用品的大多是女性；二是，市场门面租金相对低廉，这样可以降低成本。

但是几个月之后，他们的皮包并没有卖出多少。眼看着要亏损，这是公司内一个女主管提出建议，认为市场内虽然女士多，但是我们的皮包质量高，成本高，价格就高，所以定位的人群应该是那些相对有钱的女士群体。

不几天，他们改变策略，价格不变，但是把自己的摊位改到市中心的商场内，一时间产品大卖，因为他们的产品好，价格也低廉，受到很多识货的女士的青睐。

这则事例主要讲的是商家怎样寻找识货的买家的经历，用通俗的话讲就是在我们推销自己产品的时候，一定要注意产品的消费群体。如果你拿一把上好的古琴给卖给一个不懂音乐的人，不仅不会获利，而且琴本身的价值也不会得到体现。所以，商家要主动寻得识货的买家，这样才能有利润。

识货对于卖家的重要性由此可见，对于买家同样如此。买家在买货物的时候，也要识货，才能买到物美价廉的产品。"买椟

老人言

还珠"就是一个很好的例子。

从前,一个楚国人,因为家境贫寒,打算把自己一颗漂亮的珍珠卖出去。

这个楚国人很懂了生财之道,他找来名贵的木兰,为自己的珍珠做了一个盒子(也就是椟),用香料把盒子熏染的古色古香。然后,用翠鸟华丽的羽毛装饰了盒子,并在盒子外面用镂空的技法,精雕出许多活灵活现的人物花鸟。

盒子完成后,这个楚国人把盒子拿到集市上叫卖。一个郑国人看到了,将盒子拿在手里反复看了半天,爱不释手,终于出高价将楚人的珠子买了下来。郑人付了钱之后,便拿着盒子走了。可是过了会这个郑国人回来了。楚国人以为郑国人后悔了,要退货,正心里担心着呢,郑国人已走到楚人跟前。只见郑国人将珍珠交给楚国人说:"先生,我买的只是这个精美的盒子,您将一颗珍珠放在盒子里了,我特意回来把珠子还给您。"于是郑人将珍珠交给了楚国人,转身走了。

楚人拿着被退回的珍珠,甚是不解地站在那里。

我们从"买椟还珠"这个故事可以看到,买家在自己需要的货物的也一定要擦亮自己的眼睛,不要被卖家一家花哨的推销技巧所蒙骗,最终花了高价,买到的只是不适用的东西,就像郑国人做的那样,只被盒子华丽的外表所迷惑,而失去了真正有价值的珠子。

买卖之中,只有学会识货,买家才能买到称心如意的商品,卖家也才能将货物以好价钱卖给识货的买主。

货无大小,缺者便贵

鲁迅的文章《藤野先生》有一段:"大概物以稀为贵吧,北京的白菜运到浙江,便用红头绳系住菜根,倒挂在水果店头,尊为'胶菜';福建野生着的芦荟,一到北京就请进温室,且美其名曰'龙舌兰'。"这虽然写的是鲁迅先生对于生活的一种感悟,但也道出了这样一个生意经"货物大小,缺者便贵。"2011年,日本地震期间,国内风传日本地震引发的海啸而造成的核泄漏会污染海水。海水是我们食用盐的主要来源之一,于是人们就赶紧抢购市场现有的食盐,免得买到日后被核辐射的食盐,造成身体伤害。在一些地方,人们一窝蜂地抢购食盐,一时间各地食盐缺货很严重,那时候食盐的价格就出奇的高。同样一袋食盐,在缺货的情况下,却以高出实际价值十倍的价格出售。这种哄抬物价,盲目消费的行为很不可取,商家一定要抵制这样的行为,但同时也应该看到其中"稀缺"对于卖高价的重要性。其实,货物的贵贱,不在于大小,关键看买家对于这种货物的需求度。

一般来说，商品的价格是受供求关系影响，并沿着自身价值上下波动。所以在交易的过程中，我们常常能看到同一种商品在不同时期价格也是不同的。当涨价时，卖方认为有利可图，会自发地加大生产投入；当减价时，卖方会自觉地减少生产投入。参与者盲目自发地投入生产，这就造成某种产品的饱和状态，需求不变的情况下，价格就降低，这样不但不会赚得财富，反而会赔本。同时，生产是一个相对较长的一个过程，所以我们常能看到一种商品提价后，市场上还没有很多这样的产品，相应地就会造成供不应求，这时，如果一个厂商手头有这样产品，必定大卖，获得丰厚的收益。

因此我们的厂商，在生产自己产品的时候，一定要提高自己的警惕，时刻关注市场的动向，不要盲目生产，一旦市场饱和，供大于求，即使自己的产品再好，也不会卖上高价的。

《醒世恒言》第三十五卷《徐老仆义愤成家》中说道："元（原）来贩漆的，都道杭州路近价贱，俱往远处去了，杭州到时常短缺。常言道：货无大小，缺者便贵。故此比别处反胜。"客商是人们生活中不可或缺的，在明代的商业经济中，交通不便利，也没有物流业务，一些行业也形不成规模，一些漆之类的产品，也就成了紧俏货。在《徐老仆义愤成家》中也讲述了开创紧俏买卖的艰难，难归难，但也有人看到了其中的有大利可图："元（原）来采漆之处，原有个牙行，阿寄就行家住下。那贩漆的客人，却也甚多，都是挨次儿打发。阿寄想道：若慢慢地挨去，可不耽搁了日子，又费去盘缠。"阿寄只有十二两银子，他向牙商央求后，那牙商"一口应承当晚就往各村户，凑足其数"。大概的意思是，阿寄在行内获悉漆很稀缺，价格必定公道，于是不惜拿着仅有的十二两银子前来贩卖漆，结果获利。但依明代的社会背景看来，那时的漆紧俏的原因，一是交通不便利，没有销售渠道，也不敢大批量生产；二是没有形成一定的规模，如上面所述，只是零星去各家收了，才能凑齐一定的数目。

鉴于此，我们也要吸取《徐老仆义愤成家》中阿寄的经验，身处商场，也要练就自己敏锐的洞察力，时刻发现各行业的动向，瞅准机会，果断行动，就会抢得先机，大捞一笔。

在我们现代的商场中，也不乏智慧的商人利用"缺者便贵"的道理，在商场中赢得自己的一席之地。

一个北京人去云南旅游，看到那里山清水秀，但就是阳光太过炙热，身边很多外地游客都被晒得皮肤黝黑，有的甚至晒伤了；一些人虽然带着遮阳伞，但在拍照取景的时候很不方便；还有一些人，虽然戴着帽子，但传统的遮阳帽帽檐还是太小，不足以遮住整个上半身。他心想，要是能有一种帽子既美观，又能防晒就好了。他也做过生意，有点生意头脑，接下来，他就在云南的各个景区，走访那些卖帽子的店面，果然没发现自己想象的那款大的遮阳帽。

于是他回到北京，筹集了资金，只身来到云南，来之前，朋友对他说，不要这么妄断。一个外地人到了云南，估计不甚解本地的行情以及风俗，吃了大亏怎么办啊。他仍然坚持自己的观点来到了云南。

他在旅游人气最旺的丽江古城租了一家门面，做起了他的生意，开始时他自己凭借自己的想象手工加工草帽，虽然一天只能赶制几个，但卖得很好，内心也就安慰了许多，这说明自己的想法是对的。后来，很多旅客看见别人带着宽大帽檐的帽子，既美观也实用，于是纷纷慕名而来，这时店内的帽子开始供不应求了，于是他到丽江下面的农村，召集了一批熟练的制帽工，替他加工草帽。这样他的草帽事业，也越做越大。不几年就形成了规模，一些别的制帽作坊看到了他的成功，也有很多效仿的，但毕竟起步太晚，没形成一定的气候，现在他的这款帽子在当地很有名气。

这也就是所谓的以稀有取胜。我们在商场中，不管做哪行哪业，也要懂得以稀有取胜的道理。以稀有取胜也并不是说一定要你改变自己的经营类型，最重要的是出奇、出新、出巧。

货有高低三等价，客无远近一般看

货物有高中低三等，才能比较出货物之间的差别。人在人格上却是完全平等的。无论是贫富贵贱，都应该一视同仁。有的商家长着一双势利眼，嫌贫爱富，看见顾客衣着光鲜，出手阔绰，就点头哈腰，作揖打躬；看见顾客穿的寒酸，转眼又是另一副嘴脸。岂不知做生意也如做人，这样势利的人，很是让人厌烦，迟早会影响到自己的生意。

马克·吐温的《百万英镑》，讲了这样的故事。故事发生在上世纪初的英国。一对富豪兄弟用一张面值百万英镑的现钞打赌，看这张钞票究竟会给人带来什么。他们选中从美国来的亚当作为自己打赌的人选，亚当无论去吃饭、逛服装店都会因衣衫褴褛遭到店主的歧视。但当他拿出这张钞票时，店主们不但向他大献殷勤，甚至费用都可以减免，因为在他们看来亚当是有钱的人，而且根本没有人可以给一张百万面值的钞票找零。下面的片段非常经典：

亚当闲来无事，又在大街上溜达。他无意中看到街边有一家装饰考究的服装店，内心顿时涌出一种热切的念头：彻底改变寒酸，给自己弄一套体面的行头。但问题是，自己能买得起吗？身上除了那张一百万英镑的钞票之外，一无所有。

老人言

于是，亚当努力克制自己，径直从那家服装店门口走了过去。可是，内心的欲望如喷涌的岩浆，时时鼓动着他。一时按捺不住，他又折了回来，这时，内心另一个声音又告诉他，不能放纵自己，要有男子汉抵制诱惑的气概。就这样，亚当内心徘徊不定，在服装店门口来来回回足足走了六趟，最终，理智败给诱惑，他步入了店内。

亚当环顾了店内四周的状况，对其中一个伙计说："你们手头上有没有别的顾客试过不合身的衣服？"

这个伙计瞟了他一眼，没有搭腔，只是朝另一个伙计点了点头。于是亚当朝点头示意的那个伙计走了过去，那个也不搭理，而是又朝第三个伙计努努嘴，他只好又朝着第三个人走了过去，那人却要他等会。

亚当站在那里，内心怯懦的等待着。直到那个伙计忙完手头的一切杂事，才把亚当领到后面一个杂物间内，在一大堆退货中胡乱翻了一通，挑出一件的衣服扔给亚当。亚当接过那件衣服穿在了身上。可是，那件衣服皱巴巴的不说，还不合身，毫无魅力可言，这可不是亚当想要的效果。但是现在亚当急需一件衣服，也由不得自己挑剔，他迟疑地对那个伙计说："能不能等两天再结账？我现在手头没有零钱。"

那个店员斜着眼睛，摆出一副刻薄的嘴脸说："噢，您没有零钱？我想也是呢，像您这样体面的先生只配带大票子呢。"

亚当火了，生气地说："你这个人怎么这样，你们做生意不能以貌取人吧。这件衣服，我还是买得起的，只是带了一张大票子，怕你们找不开，惹麻烦。"

那个伙计见亚当生气了，姿态稍稍收敛了一点，语气还是很不善，说："我可没有鄙视您的意思，您可不要为了逃避付款，故意找茬。我可告诉您，无论多大的票子，我们都能找得开。"

亚当二话没说，把钞票递给了那个伙计说："哦，那好吧，请您现在找开吧。"

看见有钞票，那个伙计立马摆出一副虚伪的恭敬嘴脸，皮笑肉不笑地把钞票接了过去。可是，只瞟了一眼，他的笑容立马僵硬了，嘴巴还抽搐的抖动着。亚当从来没有见到如此的生动的一张脸——瞬息万变、丑态百出。正在那个伙计呆若木鸡的当口，老板看出了端倪，放下手中的账本，走了过来，虚伪地问："怎么了，这位先生，有什么需要帮忙的吗？"

亚当说："没什么，只是等你们找钱。"

老板上下打量一下亚当，拉着脸说："托德，快给他找钱，还有好多活要干呢！"

托德讥笑着对老板说："找钱？先生，您说得轻巧，自个看看吧。"说着，就把那张钞票塞到了老板的手里。

老板低头看了一眼，低低地吹了一声口哨，接着一头扎进了那摞退货中又翻找起来，一边翻找，一边不停地唠叨："托德那个傻瓜，早晚我要把他赶走，竟然不识相地把那样一套寒酸的衣服卖给百万富翁！真是个不中用的东西，就因为老是分不清谁是百万富翁，谁是穷酸鬼，我的买卖才不好做了。啊，先生，你赶紧脱了您身上不合身份的衣服，再赏个脸，试试我找的这件衣服。"

待亚当试穿上那件衣服之后，老板又扯着公鸭嗓子说："看呢，这是多么合适啊，质地上乘，做工考究，完全就是按照贵族的标准设计的。再看看这条裤子，是多么的合身啊，先生，再试试这个马甲，啊哈，真是得体！再配上这件外衣，效果更好，简直是绝了，尊敬的哈利法克斯·赫斯庞达尔殿下的派头，也不过如此。"

亚当点头表示满意。

老板见势，接着奉承说："先生您真是见多识广，就是识货。这套衣服，您先顶一阵，我这就按照您的尺寸给你做体面的衣服。托德，愣在那里干吗，赶紧把我的尺子和计量本子拿来。"

一阵忙活之后，亚当楞没插上嘴，老板就已经忙完了，正吩咐做晚礼服、正装、衬衫以及各种场合需要的衣服。亚当插了个空子对老板说："先生，我现在没法定做这些衣服，除非您找开那张钞票，或者允许赊账？"

老板立马笑脸迎着说："先生，可以赊账，您是谁呢，提钱就见外了。托德，赶紧把这些衣服精心地做好，一刻不能耽搁，送到先生的府上去。"

马克·吐温的这个故事很经典，揭露了资产本主义"文明"的真相，特别是撕破了资产阶级所谓的道德外衣。在这里我们也可以用来说当今的商场，我们要想成功，必须从上面的小说中吸取教训，和和气气地对待每一位客户，千万不要用势利的眼光看人，从而断了自己的财路。

合理要价，诚信为本

漫天要价，这是近几年来人们议论最多的话题之一。现在大家都可能有这样的经历，也相应地有了经验。在广泛存在漫天要价的市场环境中，多数人不会轻易地从第一个遇到的卖主那里购买商品，而是情愿多跑几家店铺，多问几次价格，多家比较一下，再使用"就地还钱"战术，才算把自己需要的东西买到。

经济学把这种人们花在市场上寻找合适产品和比对价格的过程称为搜寻。显然，搜寻包括了多种方面的支出，它不仅需要付出时间、体力和交通费用等方面的代价，而且还往往有精神方面的折磨，但是衣食住行又是最贴近人们日常生活的，不可避免。

一次交易的过程也就是买卖双方的博弈过程，卖家漫天要价，以求挣大钱；而买家则就地还钱，以期以最低廉的价格买到最满意的货物。最后两者只有在一个合理的价位上达成一致，才能实现这笔交易。

所谓的商道，也就是赚钱之道，不能为了一己私利而不择手段，如果不结合商品的实际的价值，漫天要价，只能让人避之不及，最终也不会赚钱。所以，经商要以诚信为本。

"漫天要价"是不可取的，我们可以用以下几点来论述它的不利之处：

其一，浪费时间，就是浪费金钱。

我们经商，时间也很珍贵，在买与卖的过程中，给自己的货物定一个合理的价位，买主在买商品的过程，就不会为了杀价而大费一番口舌，最终双方各自轻松地完成交易，卖主可以安心招待下一位顾客，而不至于为了议价心力交瘁，冷落了其他的顾客。

时间也就是财富。我们在做生意的时候也要讲求时间观念，不要把时间浪费在"漫天要价，讨价还价"中，这样不仅会失去诚信，而且还会延误商机。

其二，诚信为本。

经商之道最重要的是诚信。何为诚信？诚信是中华民族的传统美德。我国从古代时期起，人们就极力推崇诚信，说诚信是"国之宝也"、"德之固也"、"言之瑞也"、"善之主也"、"礼之器也",诚信极为重要。

一般来说,企业的诚信经营至少应包括两层含义:一是对消费者要讲信誉,如企业要深入了解消费者的基本需求,使产品满足消费者使用方便、美观、安全等各方面的需求,真诚地为消费者服务;二是对消费者负责的原则,不搞欺诈、漫天要价等行为。

这其中讲求诚信就必须不能欺诈消费者,买和卖毕竟是双方选择,最终满意才能达成交易,经营者以太高价格欺诈消费者,造成了信誉的丧失。信誉一旦丧失,那么何谈生意兴隆啊!

在中国古代,一条繁华的街上,有两家布庄,百福隆布庄和方家富布庄。两家从祖上开始就是行业的对头,一直经营到了这一代,他们仍然势均力敌,不相上下。

百福隆布庄相对铺面大一点,请的伙计也是清一色会点手艺的,但是方家富布庄就一家三口经营者,铺面干净整洁。鉴于此,百福隆布庄上下就有点看不起方家富布庄,认为方家富布庄根本不是自己的对手,是竞争不过自己,不久这条街就他们独一家了,有时也有点不可一世的样子。

一天,百福隆从苏杭进来一批紧俏货,于是就让伙计们暗中打听,竟然没发现方家富布庄有什么动静,他们没有进来这批货。这时百福隆的老板认为,这么紧俏的布料,我完全可以抬高价格,别人也不会知道,自己可以大赚一笔。于是把这匹布定了高出七倍的价格销售，最终他也赚了很大一笔。于是在此后，更是肆无忌惮，每次进了稀缺的东西，在价格上都定得很高。

而方家富布庄却从不做这样抬高价格的买卖，进到何种布匹，都是抽了一分的利润，讲求的是诚信。时间久了，人们渐渐发现了百福隆不讲诚信，漫天要价，百福隆布庄的门庭也就逐渐冷落了，最终关门大吉，而方家富布庄还在稳稳当当低成本地开着，生意日渐红火。

这也就是诚信带来的不同的命运。

对于消费者来说，不要每件商品都"就地还钱"，这对我们长远的消费来说，也是极其不可取的。

我们在选购商品的时候，也要按照商品的实际价值来衡量价格；如果本来商品的价格已经定得很合理，我们就没必要浪费双方的时间去议价。毕竟卖家也得有利润可图，才能生存下去，这是我们都懂的道理。如果我们对合理的价格，就地还钱，可能会伤害到卖家的利益，并且还会影响他们的经营理念，既然每个顾客都要议价才能购买商品，那么我抬高价格，也是一种正常的经营模式。这样的话，我们消费者可能助长了"漫天要价，就地还钱"的不良气焰。

所以，为了有一个和谐的交易环境，我们卖家和买家两方都要做出自己的努力，共同营造一个良好的气氛，这样才会对买卖双方都有利。

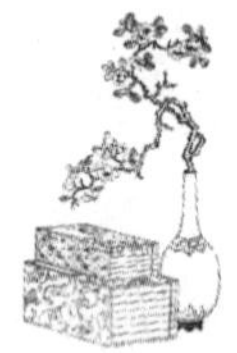